Mathe einfach anschaulich

Rica Bünning

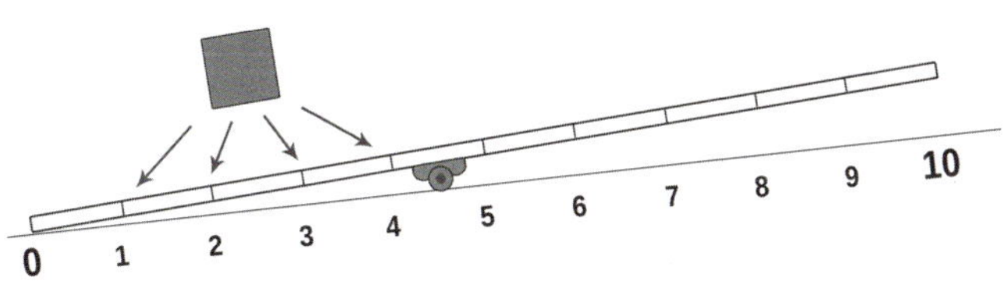

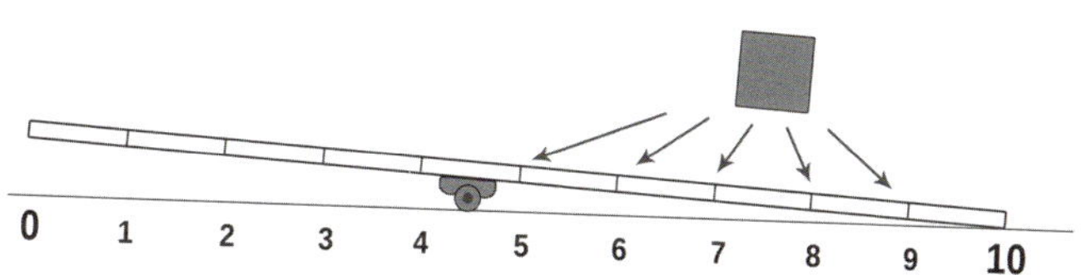

66 Modelle und Versuche zum Selbermachen und Begreifen

Verlag an der Ruhr

Impressum

Titel
Mathe einfach anschaulich
66 Modelle und Versuche zum Selbermachen und Begreifen

Autorin
Rica Bünning

Umschlagmotive
Rica Bünning

Lektorat
Dr. Wiebke Salzmann, www.wissenstexte.de

Druck
AZ Druck und Datentechnik GmbH, Kempten, DE

Verlag an der Ruhr
Mülheim an der Ruhr
www.verlagruhr.de

Geeignet für die Klassen 5–9

ISBN 978-3-8346-3812-0

Inhaltsverzeichnis

Arithmetik – Alles was zählt

Gleichungen und Funktionen – Reise ins Unbekannte

Inhaltsverzeichnis

Liebe Lehrer*,

der Prozess des Lernens und Verstehens ist verbunden mit dem ganzen Körper. **Wir lernen mit all unseren Sinnen**, indem wir etwas berühren, beobachten, lauschen und uns in Bewegung versetzen. Das Gehirn ist hierbei ein wichtiger Bestandteil, aber es kann Zusammenhänge nur optimal herstellen und Schlussfolgerungen ziehen, wenn es auch genügend Informationen bekommt – **je vielseitiger, desto besser**. Nicht von ungefähr beinhalten viele Wörter, die einen Lernprozess ausdrücken, Begriffe, die mit unseren Händen, Sinnen und Bewegungen verbunden sind: etwas be**greifen**, er**fassen**, ver**stehen**, etwas ein**sehen** oder noch einmal durch den Kopf **gehen** lassen.
Was sich ein Mensch einmal **durch anschauliches und aktives Selbsterfahren angeeignet und verstanden** hat, behält er auch **länger im Gedächtnis**. Der Lernende kann dieses Wissen in späteren Zusammenhängen besser abrufen und nutzen – das spart wiederum Zeit und verringert Frustration und Langeweile.

Die Ausgangsfrage dieses Buches war die folgende: Warum sollte sich nicht auch die Mathematik das zunutze machen, was in anderen naturwissenschaftlichen Fächern gang und gäbe ist, nämlich Experimente und Versuchsaufbauten, um Zusammenhänge zu veranschaulichen? So entstand eine Sammlung aus Selbstbauversuchen, Modellen, Spielen und anderen Ideen, welche ein **grundlegendes Verständnis für mathematische Zusammenhänge und Begrifflichkeiten** anschaulich vermitteln möchte. Viele der vorgestellten Methoden hüllen die Mathematik in spielerische Gewänder oder rücken sie in einen neuen spannenden Blickwinkel. Dabei stehen das Wecken von **Neugier und Entdeckergeist** sowie **Spaß** mit an erster Stelle, denn diese Komponenten machen effektives Lernen oft erst möglich. Ziel hierbei ist es, die Perspektive der Lernenden einzunehmen und auf dem aufzubauen, was an Wissen, Erfahrungen und Interessen bereits vorhanden ist.

Während es in der Grundschule meist noch sehr einfach und naheliegend ist, die Inhalte auf handlungsorientierte Weise zu veranschaulichen, stößt man in der Sekundarstufe schneller an vermeintliche Grenzen. Natürlich wird es schwieriger, tatsächlich „begreifbare" Vermittlungsmodelle und Methoden zu finden, je komplexer und abstrakter der mathematische Stoff ist. Sie werden jedoch in diesem Buch entdecken: **Auch für die Sekundarstufe bieten sich zahlreiche Möglichkeiten**, den Lernenden Wissen und Zusammenhänge anschaulich zu präsentieren und ihnen somit **vielfältige Zugänge zur Mathematik** zu **eröffnen**. Dies ist gerade in den unteren Jahrgangsstufen ungemein wichtig, denn nur wenn die Schüler dort ein **grundlegendes Verständnis entwickeln und festigen**, haben sie eine solide Basis, um sich in den höheren Klassenstufen auch komplexere Themen zu erschließen – und idealerweise Freude daran zu haben. Genau zu diesem Zweck ist der vorliegende Band entstanden.

ZUM AUFBAU DES BUCHES

Die Sammlung bietet Ihnen **66 Experimente**, gegliedert in die Themen
- → **Arithmetik**,
- → **Gleichungen und Funktionen**,
- → **Geometrie**,
- → **Stochastik**

sowie einen **Anhang** mit zwei allgemein einsetzbaren Zusatzeinheiten, die den Standardstoff „schmackhaft" ergänzen können. Der thematische Schwerpunkt liegt klar in den Kapiteln zu Arithmetik und Geometrie, aber auch für den Bereich der Gleichungen und Funktionen sowie die Stochastik finden Sie mehrere Angebote zur anschaulichen Vermittlung grundlegender Sachverhalte und Begrifflichkeiten.

* Aus Gründen der besseren Lesbarkeit haben wir in diesem Buch durchgehend die männliche Form verwendet. Natürlich sind damit auch immer Frauen und Mädchen gemeint, also Lehrerinnen, Schülerinnen usw.

Vorwort

EIN PAAR HINWEISE VORAB

Zu jedem Experiment finden Sie eine **Empfehlung für die Klassenstufe**. Da der Zeitpunkt der Stoffvermittlung jedoch je nach Bundesland und Schulform variiert, sind diese Angaben nur als grobe Einordnung gedacht – Sie können selbstverständlich völlig frei entscheiden, welche der Angebote für Ihre jeweilige Lerngruppe geeignet sind.

Zu einigen Experimenten, Spielen und Übungen finden Sie direkt im Anschluss an die Durchführungsbeschreibung dafür benötigte **Kopiervorlagen**. Auch diese haben Vorschlagscharakter. Fühlen Sie sich frei, sie nach Ihren Bedürfnissen weiter zu gestalten oder abzuwandeln!

Die Experimente wurden bewusst so ausgewählt, dass sie sich mit **möglichst einfach und günstig zu beschaffenden Materialien** umsetzen lassen. Um sich zu ersparen, jedes Mal aufs Neue erst auf Materialsuche gehen zu müssen, lohnt es sich, eine Box mit einer **Grundausstattung** anzulegen – auf S. 7 finden Sie dafür eine Liste, die den Materialbedarf für die meisten Einheiten in diesem Buch abdeckt. Natürlich sind die Gegenstände auf dieser Liste auch über die Vorschläge in diesem Buch hinaus vielfältig einsetzbar. Dazu passend, finden Sie auf S. 8 eine **Inspirationswolke** mit einer Sammlung an Tätigkeiten, welche Ihnen als Ideenquelle für die Entwicklung und Umsetzungen Ihrer eigenen Mathematik-Experimente dienen kann.

Kurzum: Dieses Buch möchte Ihnen als Anregung dienen. Ich würde mich freuen, wenn diese Sammlung Sie dazu motiviert, selbst noch weitere eigene Ideen zu entwickeln, Gewohntes im Mathematik-Unterricht unter neuen Blickwinkeln zu betrachten und einfach auszuprobieren!

Nun wünsche ich Ihnen und Ihren Schülern viel Spaß beim Experimentieren und Entdecken
Rica Bünning

Grundausstattung

Mit den Materialien dieser Grundausstattung können Sie den Großteil der Experimente dieses Buches durchführen. Alle Materialien sind bewusst danach ausgewählt, dass sie möglichst **einfach und kostengünstig** zu beschaffen und **vielseitig** einsetzbar sind.

Es bietet sich an, die aufgeführten Materialien in einer Box bereitzulegen und diese Box dann in Ihrem Fachraum oder an einer sonstigen geeigneten Stelle zu deponieren. So haben Sie immer eine „Grundausrüstung" griffbereit und können auch kurzfristig Experimente aus dem Buch – oder eigene Ideen – umsetzen.

- □ farbige Stifte oder Kreide
- □ weißes DIN-A4-Papier
- □ DIN-A4- und DIN-A3-Tonpapier in mehreren Farben
- □ Klebestreifen und Kreppklebeband
- □ Wolle oder Schnur
- □ Blumendraht, Basteldraht o. Ä.
- □ Knetmasse
- □ Holzstäbchen (z. B. Zahnstocher; ca. 200–300 Stück)
- □ kleine undurchsichtige Pappschachteln (z. B. von Streichhölzern; ca. 10–20 Stück)
- □ kleine Plastikschüsseln oder Plastikbecher (z. B. Quarkbecher; ca. 10–20 Stück)
- □ Gummibänder in verschiedenen Farben (ca. 100 Stück)
- □ Würfel – am besten einige davon in verschiedenen Farben (ca. 10 Stück)
- □ Holzperlen, Murmeln o. Ä. in verschiedenen Farben (ca. 50 Stück)
- □ Schraubdeckel von Tetrapaks
- □ Korken
- □ Klemmbausteine, z. B. von LEGO, am besten die mit 2 × 2 „Noppen" (ca. 200 Stück sind eine gute Grundlage, ab ca. 400 Stück sind Sie für alles gewappnet!)
- □ Maßband oder Zollstock
- □ Schere
- □ Hammer
- □ kleine Nägel (ca. 100 Stück)
- □ laminierte Zahlen-Karten mit den Ziffern 0–9 (z. B. aus der Kopiervorlage „Ziffernkarten 0–9" auf S. 26/27)

Inspirationswolke

mischen

werfen/fangen

zerschneiden/sägen

bewegen (laufen, springen, schwingen, drehen, balancieren, fliegen, schwimmen, klettern ...)

sortieren/aufräumen

zählen

bauen/basteln

Musik/hören

messen/schätzen

sehen/beobachten

Tiere/Pflanzen

schreiben/lesen

verstecken/suchen

etwas fallen lassen

Licht/Schatten/Spiegel

raten/rätseln

reisen

schieben/drücken

knoten/fädeln/nähen

wiegen

falten/kleben

rollen

reden/fragen

Wasser/Luft/Erde/Feuer

zeichnen/malen/drucken

anfassen/be-„greifen"

füllen/aufpumpen/platzen lassen/leeren

Fehler machen

programmieren

etwas aneinanderstoßen lassen

spielen/würfeln

backen/kochen/essen

einpacken/auspacken

säen/ernten

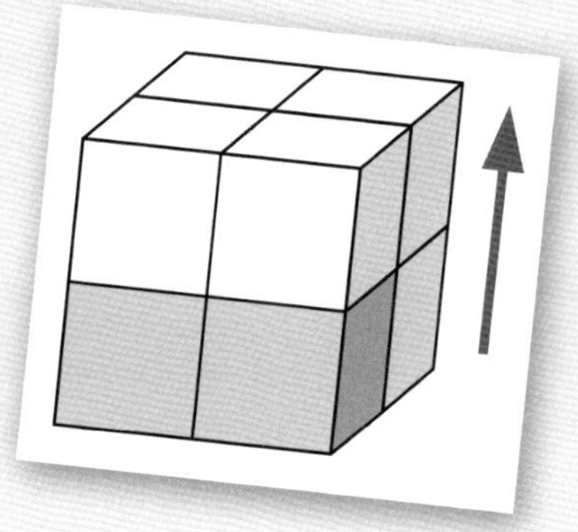

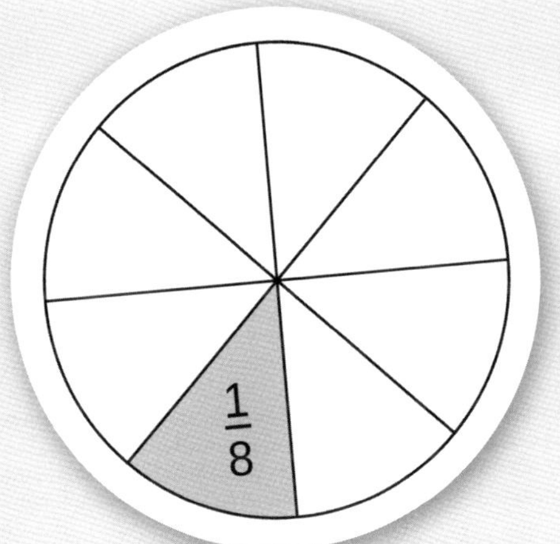

Arithmetik

Alles, was zählt

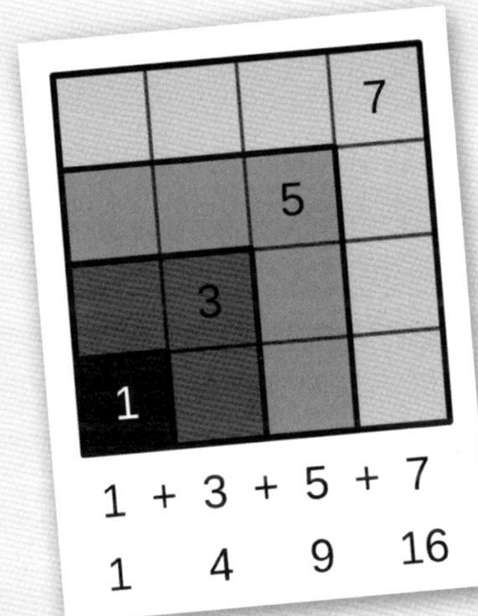

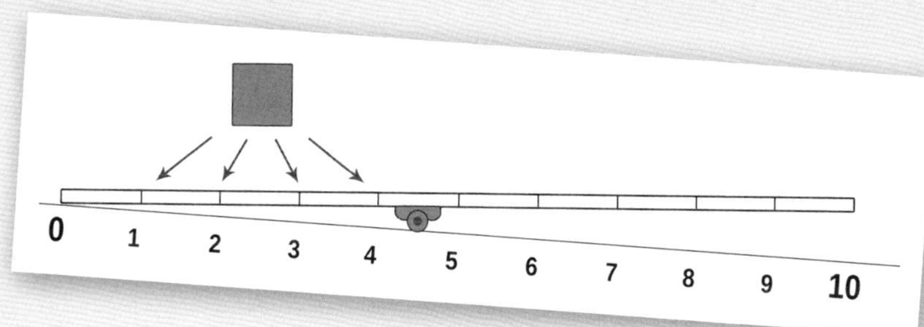

Zahlensysteme – Der „Mini-Marktplatz"

WORUM GEHT'S?

Warum gibt es ein 2-Euro-Stück, aber kein 4-Euro-Stück? In diesem Experiment untersuchen die Schüler, mit welchen **Ziffernkombinationen** jede beliebige Summe gebildet werden kann. Dabei sollen möglichst wenig verschiedene Ziffern und pro Summe eine möglichst geringe Anzahl an Ziffern benötigt werden.

FÜR WEN?

Klassenstufe 5–6
Partnerarbeit (Großgruppen für eine eventuelle zweite Einkaufsrunde), Plenum

WAS BRAUCHT MAN?

- 1 Set Preisschilder für die Marktstände (Kopiervorlage S. 14)
- 3 Sets Ziffernkarten (Kopiervorlage S. 15)
- 1 Set Schecks für die Zahlenbank (Kopiervorlage S. 16)
- 5 Schälchen o. Ä. für die „Zahlenbank"
- Tabelle für die Einkäufer (Kopiervorlage S. 17)

für jeden Schüler bzw. jedes Schülerpaar:

- 1 Zettel
- 1 Stift

WIE VIEL ZEIT BRAUCHT MAN?

Vorbereitung: 15–20 min
Durchführung: ca. 20 min für die Einkaufsrunde
(weitere 10–15 min für eine eventuelle zweite Einkaufsrunde)

Was ist vorher zu tun?

Schneiden Sie die 10 **Preisschilder** von der Kopiervorlage auf S. 14 auseinander und markieren Sie damit 10 Tische. Diese Tische stellen Stände auf einem Markt dar, auf denen die jeweilige Ware zu dem auf dem Schild angegebenen Preis angeboten wird. Sie können auch echte „Waren" auf die Stände legen.
Kopieren Sie außerdem 3-mal die **Ziffernkarten** (Kopiervorlage S. 15) und schneiden Sie diese auseinander. Sortieren Sie die Karten nach Ziffern und legen Sie sie auf einem Extratisch in die 5 Schälchen, sodass dort 33 × 1er, 23 × 2er, 13 × 3er, 7 × 4er und 10 × 5er bereitliegen (es bleiben ein paar Ersatzkarten übrig). Dieser Tisch mit den Ziffernkärtchen ist Ihre „Zahlenbank".
Schneiden Sie schließlich die 10 **Schecks** (Kopiervorlage S. 16) auseinander.
Diese zeigen an, welches Team welche Ziffernkarten „ausgezahlt" bekommt.

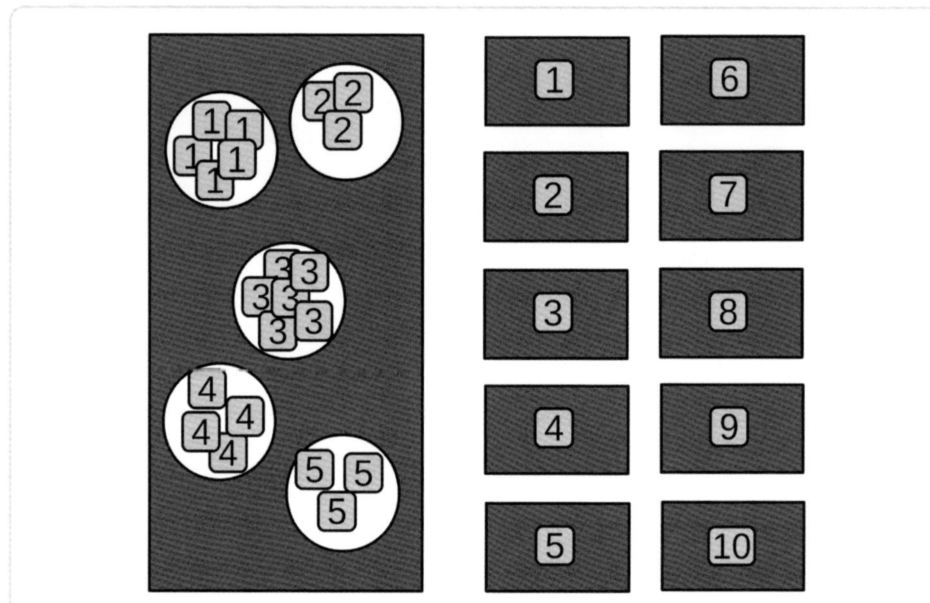

Zahlensysteme – Der „Mini-Marktplatz"

Jetzt geht's los

GRUPPENEINTEILUNG

Lassen Sie die Klasse 10 **Einkäufer-Teams** bilden, mit idealerweise nicht mehr als 2 Schülern in einem Team. Weitere Schüler (maximal 10) können die Rolle der Markthändler übernehmen, dabei kann ein Händler auch mehrere Stände betreuen.
Jedes Einkäufer-Team erhält einen Scheck und darf sich die dort aufgeführten Ziffernkarten bei der Bank auszahlen lassen. Außerdem benötigt jedes Team Zettel und Stift.

EINKAUFSRUNDE 1

Die Einkäufer-Teams gehen auf den Markt. An jedem Stand versuchen sie, die auf ihren Ziffernkarten dargestellten Zahlen so zu addieren, dass sie auf die Zahl kommen, die das dortige Preisschild anzeigt. Es sollen dabei jeweils so **wenige** Ziffernkarten wie möglich verwendet werden und auch so **wenig verschiedene** wie möglich. Wichtig ist, dass die Teams nur die eigenen Ziffernkarten benutzen und kein Geld mit anderen Gruppen wechseln.
Das abgebildete Beispiel zeigt eine mögliche Preiskombination. Die Einkäufer notieren in einer Tabelle (Kopiervorlage S. 17), für welchen Preis sie welche und wie viele ihrer Ziffern addieren müssen.

Sobald ein Team einen Preis passend gebildet und die Ziffernkombination dafür notiert hat, wechselt es zum nächsten freien Stand. Dabei nehmen die Schüler immer alle Ziffernkarten mit, sie geben ihr Geld also nicht wirklich aus.

Die Händler kontrollieren während des Spiels, ob die Einkäufer die Preise richtig bilden und ob sie die jeweilige Kombination und Anzahl der Ziffern richtig notieren.

Darstellung: © Dr. Wiebke Salzmann, Wecker: © Magnus Siemens

AUSWERTUNG EINKAUFSRUNDE 1

Haben alle Gruppen alle Stände besucht, werden die Ergebnisse gemeinsam ausgewertet:

- → Welche Teams haben für die einzelnen Preise die wenigsten (verschiedenen) Ziffernkarten benötigt?
- → Konnten alle Teams alle Preise durch Addition bilden? (Hier wird die Bedeutung der Ziffernkarte „1" deutlich.)

Zahlensysteme – Der „Mini-Marktplatz"

Einkäufer-Team	verfügbare Ziffern (Geld-Stückelung)	Wie viele Ziffernkarten benötigt man höchstens, um die Preise zu bilden?	Wie viele verschiedene Ziffern benötigt man höchstens?	Preise, die nicht gebildet werden können
A	1er	10	1	-
B	1er und 2er	5	2	-
C	1er, 2er und 3er	4	3	-
D	1er, 2er, 3er und 4er	3	4	-
E	1er, 2er, 3er, 4er und 5er	3	5	-
F	1er, 2er und 5er	3	3	-
G	1er, 3er und 5er	3	3	-
H	2er, 3er und 5er	3	3	1
I	2er und 4er	3	2	1, 3, 5, 7 und 9

Es bietet sich an, die Schülerergebnisse an der **Tafel** in einer Tabelle zu sammeln. Die Abbildung zeigt dafür ein Beispiel (Ergebnisse, denen eine unpraktische Geld-Stückelung zugrunde liegt, sowie die dazugehörigen Teams sind grau hinterlegt).

Welche Teams haben nun die **beste Ausstattung** von der Bank erhalten?

→ Team H und I fallen heraus, da mit ihren Ziffernkarten nicht alle Preise gebildet werden können.

→ Die kleinste benötigte Menge an Ziffernkarten ist „3". Da Team A bis C mehr als 3 Ziffernkarten brauchen, fallen auch sie heraus.

→ Von den verbleibenden Teams benötigen Team D und E bis zu 4 oder sogar 5 Ziffern, während F und G mit maximal 3 verschiedenen Ziffern alle Preise bilden konnten. Die beiden Teams D und E fallen also auch heraus.

Übrig bleiben Team F und G, also die Geld-Stückelung „**1er, 2er und 5er**" und „**1er, 3er und 5er**". Währungen mit diesen Geld-Stücken scheinen also am besten geeignet zu sein.

WIE KANN ES WEITERGEHEN?

Sofern ausreichend Zeit zur Verfügung steht (ca. 10–15 min inkl. Auswertung), können die Schüler mit diesen beiden „Gewinner-Stückelungen" eine zweite Einkaufsrunde durchführen; ansonsten springen Sie direkt zum Abschluss.

EINKAUFSRUNDE 2 (OPTIONAL)

Für die zweite Runde bildet die Klasse 2 ungefähr gleich große Gruppen. Jede Gruppe erhält die passenden Ziffernkarten für **eine der beiden** Stückelungen, die sich beim ersten Marktbesuch als am besten geeignet herausgestellt haben (also entweder 3 × 1er, 3 × 2er und 2 × 5er oder 3 × 1er, 3 × 3er und 2 × 5er). Die Gruppen untersuchen nun, wie diese Stückelungen sich bei der Bildung von Preisen im Zahlenraum von 11 bis 20 verhalten. Für ihre Notizen können die Schüler wieder eine Tabelle anlegen, Kopiervorlage S. 17.

Zahlensysteme – Der „Mini-Marktplatz"

AUSWERTUNG EINKAUFSRUNDE 2 (OPTIONAL)

Lassen Sie im Plenum die Ergebnisse vergleichen: Zwischen den beiden Stückelungen herrscht Gleichstand, denn beide Gruppen benötigen für Preise im Zahlenraum von 11 bis 20:

- → bei je 3 Preisen 3 Ziffernkarten,
- → bei je 5 Preisen 4 Ziffernkarten,
- → bei je 2 Preisen 5 Ziffernkarten.

ABSCHLUSS

Lassen Sie die Schüler Vermutungen äußern, warum es im **Euro-Raum** die Stückelung aus 1er, 2er und 5er gibt, denn offenbar ist die Einteilung in 1er, 3er und 5er ja genauso praktisch.

Mögliche Erklärungen:

- → Bei der Variante „1er, 2er und 5er" reicht für Preise von 1 € und 2 € eine Münze. Erst bei 3 € müssen mindestens 2 Münzen hingelegt werden.
  Bei der Variante „1er, 3er und 5er" muss schon der kleinere 2-€-Betrag mit 2 Münzen gezahlt werden. Genauso verhält es sich bei 10 €, 20 € und 30 € mit den Scheinen.
- → Rechnen und Zählen ist für uns (die wir mit dem Dezimalsystem groß geworden sind) in 2er-Schritten einfacher als in 3er-Schritten.

Diese verschiedenen Ziffernkarten hat unser Team: 1, 2 und 3		Anzahl verschiedener Ziffern: 3	
Preis	Welche Ziffernkarten benötigen wir? Sind mehrere Stückelungen möglich?	Wie viele Ziffernkarten sind das?	Wie viele verschiedene Ziffern sind das?
2	= 1 + 1	2	1
	= 2	1	1
…			
7	= 3 + 3 + 1	3	2
	= 2 + 2 + 3	3	2

Kopiervorlage

Preisschilder für die Marktstände

1

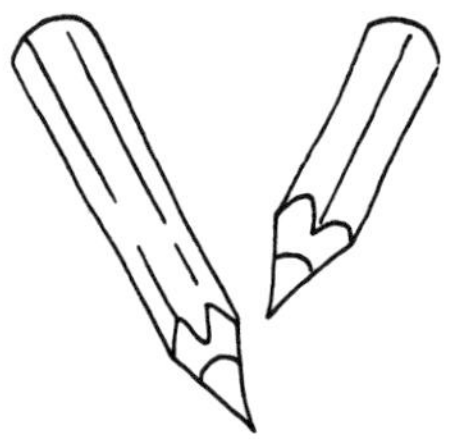

2

3

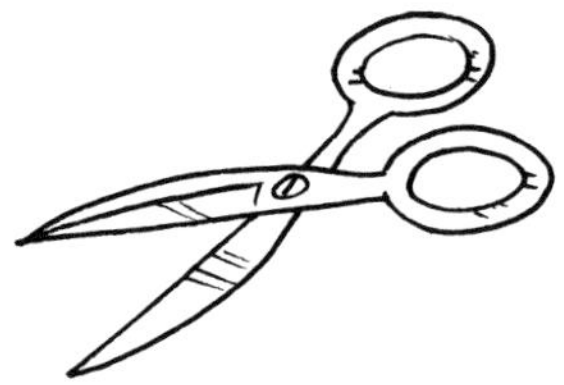

4

5

6

7

8

9

10

Ziffernkarten

1	1	1	1	1	1	1
1	1	1	1	1	1	1
2	2	2	2	2	2	2
2	2	3	3	3	3	3
4	4	4	5	5	5	5

Schecks für die Zahlenbank

Einkäufer-Team **A** 1er	Einkäufer-Team **B** 1er und 2er	Einkäufer-Team **C** 1er, 2er und 3er	Einkäufer-Team **D** 1er, 2er, 3er und 4er	Einkäufer-Team **E** 1er, 2er, 3er, 4er und 5er
Scheck über: 10 × 1er	Scheck über: 5 × 1er 5 × 2er	Scheck über: 3 × 1er 3 × 2er 3 × 3er	Scheck über: 2 × 1er 2 × 2er 2 × 3er 2 × 4er	Scheck über: 2 × 1er 2 × 2er 2 × 3er 2 × 4er 2 × 5er

Einkäufer-Team **F** 1er, 2er und 5er	Einkäufer-Team **G** 1er, 3er und 5er	Einkäufer-Team **H** 2er, 3er und 5er	Einkäufer-Team **I** 1er und 5er	Einkäufer-Team **J** 2er und 4er
Scheck über: 3 × 1er 3 × 2er 2 × 5er	Scheck über: 3 × 1er 3 × 3er 2 × 5er	Scheck über: 3 × 2er 3 × 3er 2 × 5er	Scheck über: 5 × 1er 2 × 5er	Scheck über: 5 × 2er 3 × 4er

Tabelle für die Einkäufer

Diese verschiedenen Ziffernkarten hat unser Team:		**Anzahl verschiedener Ziffern:**	
Preis	Welche Ziffernkarten benötigen wir? Sind mehrere Stückelungen möglich?	Wie viele Ziffernkarten sind das?	Wie viele verschiedene Ziffern sind das?
1			
2			
3			
4			
5			
6			
7			
8			
9			
10			

Zahlensystem – „Familiennamen" der großen Zahlen

WORUM GEHT'S?

Große Zahlen sind für manche Schüler aufgrund der langen Ziffernreihen schwer zu lesen und zu überschauen. Wo beginnen die Tausender? Wie viele Stellen hat eine Million? Die hier vorgestellte bildliche **Eselsbrücke** kann Abhilfe schaffen. Auch die Sprechweise von Nachkommastellen kann so visualisiert werden.

FÜR WEN?

Klassenstufe 5
Einzelarbeit

WAS BRAUCHT MAN?

für jeden Schüler:

→ 1 Blanko-Vorlage: Große Zahlen (Kopiervorlage S. 21)
→ 1 Stift

WIE VIEL ZEIT BRAUCHT MAN?

Vorbereitung: ca. 5 min
Durchführung: 10–15 min

Was ist vorher zu tun?

Kopieren Sie für alle Schüler je einmal die Vorlage „Große Zahlen" (S. 21). Zeichnen Sie außerdem eine Beispiel-Häuserreihe an die Tafel.

Jetzt geht's los

Während Sie die folgende Geschichte als **Eselsbrücke** erzählen, füllen Sie als erklärendes Beispiel die Häuserreihe an der Tafel Stück für Stück mit Zahlen und stellen die richtige Sprechweise vor.

Zahlensystem – „Familiennamen" der großen Zahlen

DIE ESELSBRÜCKE

*Die Bewohner der **Straße der großen Zahlen** sind die Ziffern. Es stehen immer mehrere Häuser in einer Reihe nebeneinander. Jedes Haus hat drei Wohnungstüren und an jeder Tür steht der Vorname des Bewohners. Der Bewohner in der jeweils linken Tür hat noch einen zweiten Vornamen, nämlich „Hundert". Deshalb hat er ein kleines Schild direkt über seiner Tür angebracht.*
Außerdem haben alle Bewohner eines Hauses denselben Nachnamen, welcher auf einem gemeinsamen, großen Namensschild steht – Familie „Tausend", Familie „Millionen", Familie „Milliarden" usw. Nur die Bewohner des Hauses ganz rechts haben keinen Familiennamen.

*Da die Straße der großen Zahlen eine Einbahnstraße ist, müsst ihr sie immer **von links nach rechts** entlanggehen. Während ihr nacheinander an den Häusern vorbeigeht, begrüßt ihr deren Bewohner. Dabei nennt ihr zuerst den Bewohner, der den zweiten Vornamen „Hundert" trägt, dann die beiden restlichen Bewohner des Hauses zusammen und als Letztes das dazugehörige Namensschild – also erst die Vornamen, dann den gemeinsamen Nachnamen.*
Ist die erste Tür eines Hauses leer oder mit einer Null besetzt, entfällt der zweite Vorname „Hundert".
In unserem Beispiel (an der Tafel: 96 843 051 327) sagen wir also: „Hallo, 96 Milliarden 8 Hundert 43 Millionen 51 Tausend 3 Hundert 27!"

NUN WERDEN DIE SCHÜLER SELBST AKTIV

Zunächst füllen die Schüler in ihren Häuserreihen die Schilder mit den Nachnamen („Tausend", „Millionen", „Milliarden") und die kleinen Schilder über der jeweils ersten Tür mit den zweiten Vornamen „Hundert".
Dann **lesen** Sie Ihren Schülern langsam eine erste große Zahl vor, welche diese in die oberste Hausreihe eintragen.
Danach schreiben Sie die Zahl noch einmal an die Tafel zum Vergleich.

Wenn Ihre Schüler so weit sind, können Sie zum nächsten „Level" übergehen: Schreiben Sie eine große 8- bis 11-stellige Zahl an die **Tafel** – damit fehlt den Schülern die in der gesprochenen Zahl vorhandene Information zu Tausendern, Millionen usw. Die Schüler überlegen nun, wie diese Zahl in die nächste Hausreihe eingetragen wird. Im Anschluss kann jemand den eigenen Vorschlag vorlesen. Überlegen Sie mit den Schülern zusammen, wie die Zahl in der Häuserreihe angeordnet sein muss.

Die Schüler können sich auch jeder eine **eigene Zahl** überlegen, diese in eine Hausreihe schreiben und (bei Bedarf nach einer kurzen Rückversicherung bei Ihnen) die Zahl für die Klassenkameraden vorlesen, welche sie dann jeweils in ihre Hausreihe eintragen. Auch hier ist der abschließende Vergleich an der Tafel hilfreich, damit alle eventuelle Fehler finden und verbessern können.

Zahlensystem – „Familiennamen" der großen Zahlen

ERWEITERUNG AUF DEZIMALZAHLEN

Nach diesem Prinzip kann auch die Sprechweise von **Stellen nach dem Komma** erklärt werden:
Rechts vom Hunderter-Haus steht kein weiteres Haus, sondern erst das Komma und dann der Gartenzaun. Jede weitere Ziffer steht dort auf einer einzelnen Zaunlatte und hat keinen Familiennamen. Diese Ziffern werden also einzeln nacheinander genannt.

VARIANTE

Die Hausreihe mit den Familiennamen können Sie natürlich auch **in groß für die Wand** gestalten. Schneiden Sie hierfür aus verschiedenfarbigem DIN-A4-Tonkarton je ein Haus aus (dabei nehmen Sie eine längere Seite als untere Hauskante). Schreiben Sie den Familiennamen oben in das Dach, zeichnen Sie pro Haus drei Türen ein und beschriften Sie die jeweils linke Tür mit „Hundert".
Erstellen Sie Ziffernkarten von 0 bis 9 (Kopiervorlage S. 26/27), mit denen die Schüler dann beliebige Zahlen in die Häuserreihe heften können. Dies können sie z. B. mit Büroklammern tun, mit denen sie die Ziffernkarten am unteren Rand anklammern.
Sie können dann Mitschüler die Zahlen vorlesen lassen.

Blanko-Vorlage: Große Zahlen

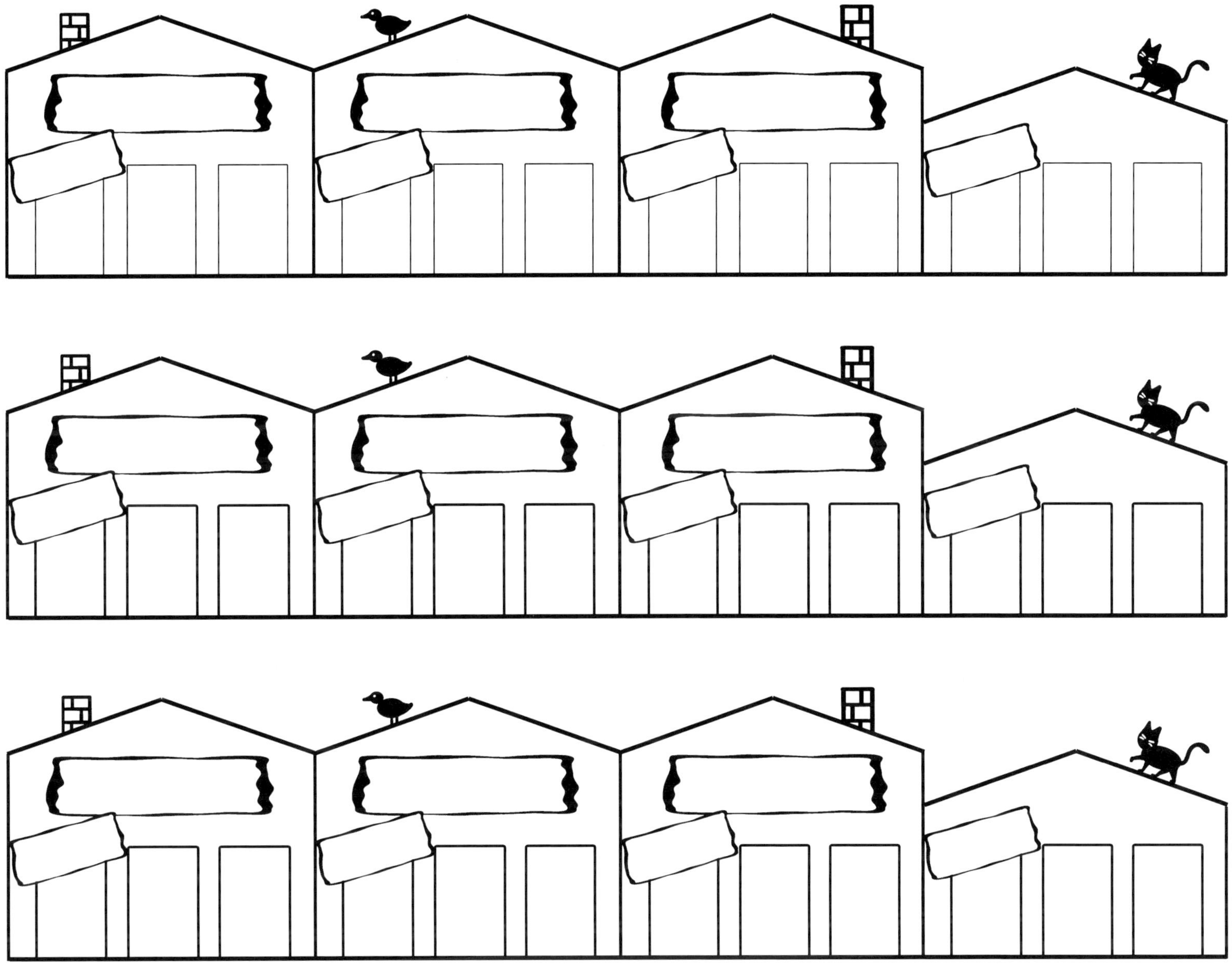

Zahlensysteme – Wie zählen wir?

WORUM GEHT'S?

In der Geschichte der Menschheit haben sich unterschiedliche Zahlensysteme entwickelt. Heute nutzen wir in unserem Alltag verschiedene davon nebeneinander. Damit die Schüler sich dessen bewusst werden und sich einen Überblick über die verschiedenen Zahlensysteme verschaffen, erfahren sie in dieser Einheit bei einem kleinen Wettbewerbsspiel, welche Vor- und Nachteile z. B. **das Dezimalsystem**, **das Binärsystem**, **die römischen Zahlen** und die Notierung als **Strichliste** haben. Sie können das Spiel natürlich beliebig um andere Zahlensysteme erweitern, die Sie im Unterricht ansprechen möchten.

FÜR WEN?

Klassenstufe 5
Kleingruppen (4 – 8 Schüler) mit Auswertung im Plenum

WAS BRAUCHT MAN?

- 2 Sets Zahlzeichen-Karten (Kopiervorlage S. 25, ggf. vergrößert)
- 1 Set Ziffernkarten (Kopiervorlage S. 26/27, ggf. vergrößert)
- evtl. etwas Kreppklebeband zur Bodenmarkierung

für jede Kleingruppe:

- 1 DIN-A4-Blatt
- 1 Stift

WIE VIEL ZEIT BRAUCHT MAN?

Vorbereitung: 10–15 min (Das Material ist dann mehrfach verwendbar.)
Durchführung: ca. 45 min

Was ist vorher zu tun?

Kopieren Sie die Zahlzeichen-Karten (Kopiervorlage S. 25) 2-mal und die Ziffernkarten (Kopiervorlagen S. 26/27) 1-mal, ggf. vergrößert. Schneiden Sie die Karten aus und bereiten Sie für Dezimalsystem, Dualsystem und römische Zahlzeichen je einen Stapel vor.
Überlegen Sie sich, welche Zahlen Sie zeigen lassen wollen (Beispiele s. S. 24).
Lassen Sie die Schüler eine Auswertetabelle nach folgendem Muster vorbereiten:

Zahl		
Wie schreibt sich die Zahl in eurem Zahlensystem?		
Wie schnell konntet ihr die Zahl zeigen? schnell/langsam/gar nicht		
Wie viele Karten brauchtet ihr?		

Markieren Sie auf dem Boden (z. B. mit Kreppklebeband) nebeneinander **Startlinien** für 4 Teams und im Abstand von 2 bis 3 Metern dazu eine gemeinsame **Ziellinie**. Sie sind Schiedsrichter in diesem Wettkampf und sollten diese Linie von Ihrem Standpunkt aus gut sehen können.

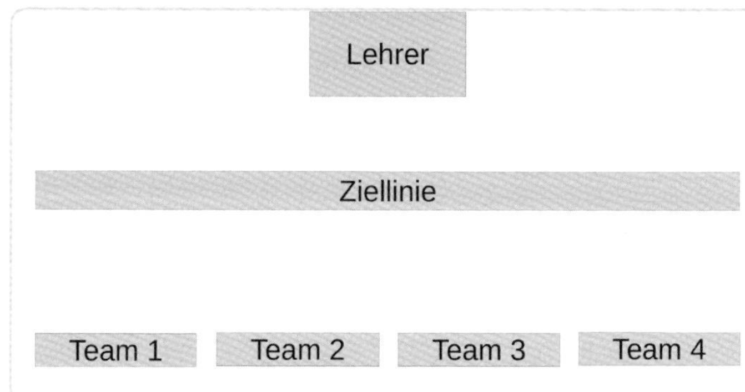

Zahlensysteme – Wie zählen wir?

Jetzt geht's los

EINSTIEG

Beginnen Sie mit einer Frage an die Schüler: *Welche Möglichkeiten, Zahlen aufzuschreiben, kennt ihr?*
Sammeln Sie die Antworten und notieren Sie die verschiedenen Darstellungsmöglichkeiten anhand eines konkreten Beispiels an der Tafel, wie hier im Beispiel:

Dezimalzahl	Dualzahl	Würfel
4	100	
Strichzählung	**Römische Zahl**	**Zahlenstrahl**
IIII	IV	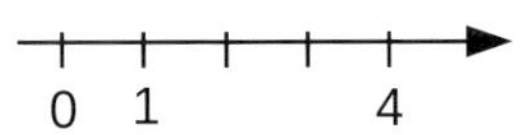

Lassen Sie mit Ihrer nächsten Frage die Schüler nun die verschiedenen Schreibweisen benennen und ordnen:
Welche Zahlensysteme kennt ihr? Wie unterscheiden diese sich?

Vor dem Spiel sollten Sie mit den Schülern die Darstellung in Form einer Strichliste und die Bildungsvorschriften für das römische und das duale Zahlensystem gemeinsam durchgehen.

DER WETTBEWERB DER ZAHLENSYSTEME

Lassen Sie die Schüler nun 4 etwa gleich große Gruppen bilden, in denen schwächere und stärkere Schüler gemischt vertreten sein sollten. Jede Gruppe bekommt nun „ihr" Zahlensystem: **Dezimalsystem**, **duales System**, **Strichliste** und **römische Zahlen**. Händigen Sie jeder Gruppe die Ziffernkarten bzw. die Zahlzeichen-Karten für das jeweilige Zahlensystem aus.

Das Team „Dezimalsystem" ist in der Spielwertung außen vor und stellt die **Vergleichsgruppe** dar, da das Dezimalsystem das bei uns geläufige ist und dieses Team dadurch im Vorteil ist. Teilen Sie allen Schülern mit, welche Rolle dieses Team hat, damit während des Spielens kein Frust aufkommt!
Die Teams verteilen ihre Zahlzeichen-Karten so untereinander, dass jedes Teammitglied etwa gleich viele Karten hat. Diese hält es so vor sich, dass seine Mitspieler die Karte sehen können. Dann stellen sich alle Teams an ihrer jeweiligen Startlinie bereit. Sie selbst nehmen Ihre Schiedsrichterposition ein und nennen nun nacheinander Zahlen. Jede Zahl entspricht einer Runde und nach jeder Runde folgt eine kurze Pause, in welcher sich die Teams Notizen machen.

Zahlensysteme – Wie zählen wir?

Sie können z. B. folgende **Aufgaben** stellen:

- → Starten Sie in beliebiger Reihenfolge mit den Zahlen: 2; 4; 5; 8; 9.
- → Dann lassen Sie die Teams die Zahl „Null" zeigen.
- → Danach nennen Sie 12 und 13.
- → Lassen Sie die gezeigte 13 nun in eine 14 ändern.
- → Lassen Sie 2-stellige Zahlen zeigen (bis maximal 64).
- → Lassen Sie einige 3-stellige Zahlen zeigen (bis maximal 255).

Jede Gruppe sucht nun so schnell wie möglich aus ihren Zahlzeichen-Karten und Symbolgegenständen diejenigen heraus, mit denen sie die **genannte Zahl bilden** kann. Die Teams müssen sich absprechen, denn viele der Zahlzeichen sind bei mehreren Personen in einem Team vorhanden. Die Teammitglieder mit der oder den entsprechenden Karten laufen nun zur Ziellinie und halten dort die Karten nebeneinander in der richtigen Reihenfolge hoch. Einmal hochgehalten, dürfen die Karten nicht mehr ausgetauscht werden. Ist die Darstellung einer Zahl mit den vorhandenen Karten nicht möglich (weil z. B. nicht genügend Striche für eine große Zahl vorhanden sind), läuft ein Teammitglied ohne Karten nach vorn.
Sie selbst merken sich, in welcher Reihenfolge die 4 Teams an der Ziellinie die Zahl gezeigt haben, und gleichen ab, ob die Gruppen die richtigen Zahlen zeigen.
Das Team, welches **am schnellsten die richtige Zahl** gezeigt hat, erhält einen Punkt (mit Ausnahme des Vergleichsteams „Dezimalsystem"). Zeigt keins der anderen Teams die richtige Zahl, dürfen alle noch einmal zurücklaufen, um in einem zweiten Versuch das richtige Ergebnis zu ermitteln.
Nach jedem Durchlauf notieren sich die Kleingruppen die Zahl auf ihren Auswertungsblättern und füllen die Felder aus, indem sie die Fragen beantworten.

Sobald Sie alle Zahlen angesagt haben und die Teams ihre Notizen vervollständigt haben, werden die gesammelten **Erfahrungen** im Plenum ausgetauscht.
Folgende Vor- und Nachteile der Zahlensysteme können erkannt werden:

DEZIMALSYSTEM

Vorteile: Die Zahlzeichen sind bekannt und die Schüler müssen nicht rechnen. Mit nur 10 Zahlzeichen lassen sich alle Zahlen darstellen.
Nachteile: Um eine Zahl in die nächsthöhere zu ändern, müssen einige oder alle ihrer Ziffern ausgetauscht werden

STRICHZÄHLUNG ODER ADDITIONSSYSTEM

Vorteile: Um eine Zahl in die nächsthöhere zu ändern, kann sie einfach ergänzt werden. Mit nur 2 Zahlzeichen lassen sich alle (positiven ganzen) Zahlen darstellen.
Nachteile: Die Zahlen werden schnell sehr lang mit vielen Zahlzeichen. Bei größeren Zahlen wird es immer schwerer, schnell die Zahl zu erfassen oder aufzuschreiben, selbst wenn mit Blöcken gearbeitet wird.

RÖMISCHE ZAHLEN

Vorteile: Einige Zahlen sind einfacher zu notieren (C im Gegensatz zu 100).
Nachteile: Die Zahlzeichen sind unbekannter und zum Teil müssen sie erst in ihre Bestandteile aufgesplittet werden. Die Zahlen werden schnell sehr lang mit vielen Zahlzeichen, aber die Länge der Zahl sagt nicht unbedingt etwas über ihren Wert aus (Bsp.: VIII = 8; X = 10).

DUAL- ODER BINÄRSYSTEM

Vorteile: Mit nur 2 Zeichen lassen sich alle Zahlen darstellen.
Nachteile: Um eine Zahl in die nächsthöhere zu ändern, müssen alle oder einige Ziffern ausgetauscht werden. Die Zahlen werden schnell sehr lang mit vielen Zahlzeichen. Die Umrechnung zwischen Dezimal- und Dualsystem ist kompliziert.

Zahlzeichen-Karten

0	5	0	1	I	~~IIII~~	I
1	6	0	1	I	~~IIII~~	I
2	7	0	1	~~IIII~~	~~IIII~~	I
3	8	0	1	~~IIII~~	~~IIII~~	V
4	9	C	C	X	X	L

Kopiervorlage

Ziffernkarten 0–9 (1/2)

1	1	1	1	1	1	1
2	2	2	2	2	2	2
3	3	3	3	3	3	3
4	4	4	4	4	4	4
5	5	5	5	5	5	5

Ziffernkarten 0–9 (2/2)

6	6	6	6	6	6	6
7	7	7	7	7	7	7
8	8	8	8	8	8	8
9	9	9	9	9	9	9
0	0	0	0	0	0	0

Arithmetik

Gerade und ungerade Zahlen – Turmbauten

WORUM GEHT'S?

Dieses einfache Experiment verschafft schnell eine bildliche Vorstellung von geraden und ungeraden Zahlen.

FÜR WEN?

Klassenstufe 5
Partnerarbeit

WAS BRAUCHT MAN?

für jedes Schülerpaar:

→ ca. 20 gleich große Bausteine, z. B. von LEGO
→ 1 Stift
→ 1 Zettel für Notizen

WIE VIEL ZEIT BRAUCHT MAN?

Vorbereitung: 1–5 min
Durchführung: 15–20 min

WAS IST VORHER ZU TUN?

Beschaffen Sie ausreichend Bausteine – hierzu können Sie vor dem Experiment auch die Schüler fragen, ob diese passende Steine zu Hause haben und mitbringen können.

Jetzt geht's los

Die Schüler finden sich zu Paaren zusammen. Jedes Team erhält ca. 20 Bausteine und baut damit Stück für Stück einen **Turm**. Dabei gelten folgende **Bauvorschriften**:

→ Die Grundfläche des Turms ist 2 Bausteine breit.
→ Auf jeden der beiden benachbarten Bauplätze, d. h. auf jeden der beiden Steine wird abwechselnd ein weiterer Stein gesetzt.

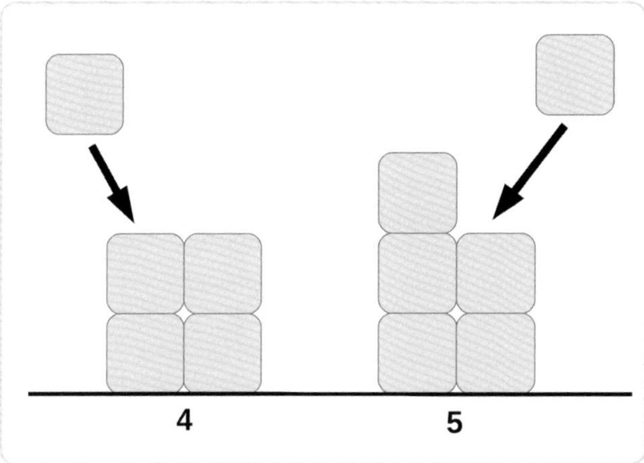

Die Schüler notieren nach jedem Bauschritt die **Anzahl** der verbauten Steine sowie ihre Beobachtung, ob die „Spitze" des Turmes eine ebene oder eine gestufte, unebene Fläche ergibt.

Anzahl der verbauten Steine	Oberfläche Turmspitze
1	gestuft
2	eben
3	gestuft
4	...

Gerade und ungerade Zahlen – Turmbauten

DIE LETZTE ZIFFER IST DAS ENTSCHEIDENDE

Den Schülern wird nach einiger Zeit auffallen, dass die Oberfläche immer abwechselnd eben und uneben ist.
Wenn die Anzahl verbauter Steine **auf 2, 4, 6, 8 oder 0 endet**, ist die Oberfläche **eben**. Das bedeutet, die Steine sind gleichmäßig (ohne Rest) auf 2 Plätze aufgeteilt. Wenn die Anzahl verbauter Steine **auf 1, 3, 5, 7, oder 9 endet**, ist die Oberfläche **uneben**. Teilt man diese Anzahl auf 2 Plätze auf, ist auf einem immer „einer mehr" (der Rest). Die zugehörigen Zahlen nennt man nicht eben und uneben, sondern **gerade** und **ungerade**.

Ob eine Zahl gerade oder ungerade ist, erkennt man sofort an ihrer **letzten Ziffer**.

WAS IST MIT DER NULL?

Mit dieser Methode kann auch verdeutlicht werden, dass **die Null ebenfalls eine gerade Zahl** ist: Bei null Steinen ist die Grundfläche zwar leer, aber die leere Fläche ist ebenfalls eben und ohne Stufe.

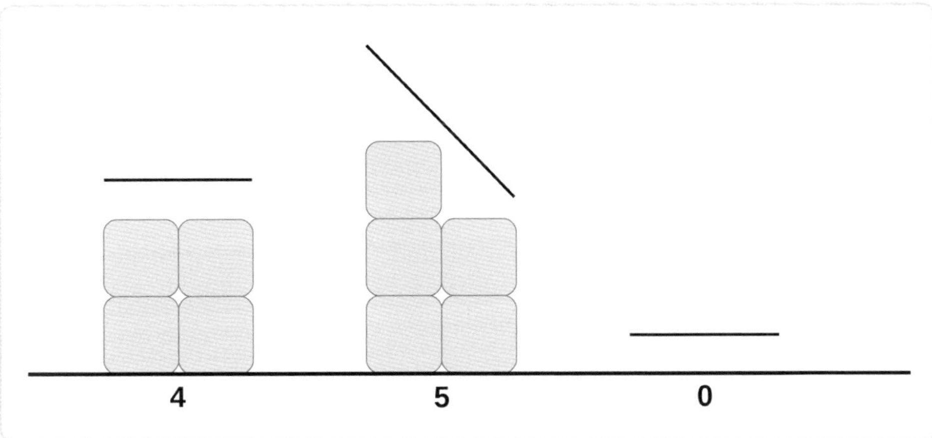

So sind auch Zahlen, die auf 0 enden, immer gerade – auch dann, wenn eine ungerade Ziffer am Anfang steht, wie bei 30, 50 oder 70. Dass z. B. die 30 eine gerade Zahl ist, ist für einige Schüler nicht gleich ersichtlich. Ihnen kann es helfen, auch einmal den Turm mit 30 Steinen zu bauen.

TIPP

Was die Einschätzung zur Teilbarkeit betrifft, haben manche Schüler besondere Angst vor **sehr großen Zahlen**. Doch diese Angst können Sie ihnen mit der Erkenntnis, dass es nur auf die letzte Ziffer ankommt, nehmen: Selbst bei langen Zahlen, welche die Schüler (und auch die Lehrer) nicht einmal mehr auf Anhieb aussprechen können, lässt sich auf einen Blick erkennen, ob sie gerade oder ungerade sind. Schreiben Sie im Anschluss an den Turmbau also ruhig auch einmal eine sehr lange Zahl an die Tafel.

VARIANTE

Anstatt die Türme aus Bausteinen zu bauen, können sie natürlich auch **auf kariertem Papier** gezeichnet werden. Allerdings unterstützt der haptische Aspekt das Verständnis in besonderem Maße.

Quersumme – Rätselhafte Zusammenhänge

WORUM GEHT'S?

Bei diesem Rätsel kommen die Schüler dem Zusammenhang zwischen Zahlen und ihren Quersummen knobelnd auf die Spur.

FÜR WEN?

Klassenstufe 5
Partner- oder Kleingruppenarbeit (ca. 3–5 Schüler)

WAS BRAUCHT MAN?

für jedes Schülerpaar bzw. für jede Kleingruppe:

→ 1 DIN-A4-Bogen Tonpapier in 2 verschiedenen Farben
→ 1 Set Quersummen-Karten (Kopiervorlage S. 32)
→ 1 Set Zahlen-Karten (Kopiervorlage S. 33)

WIE VIEL ZEIT BRAUCHT MAN?

Vorbereitung: ca. 10 min
Durchführung: 20–30 min

Was ist vorher zu tun?

Überlegen Sie vorab, in wie viele Paare bzw. Kleingruppen Sie die Klasse aufteilen möchten. Genauso oft kopieren Sie die **Quersummen-Karten** von der Kopiervorlage (S. 32) auf Tonpapier in der einen Farbe, z. B. in Gelb. In derselben Anzahl werden die **Zahlen-Karten** (Kopiervorlage S. 33) auf das Tonpapier der anderen Farbe, z. B. in Grün, kopiert. Schneiden Sie alle Kärtchen auseinander, sodass für jedes Schülerpaar bzw. für jede Kleingruppe ein vollständiges Quersummen-Kartenset bereitliegt (bestehend aus 9 Quersummen-Karten und 9 andersfarbigen Zahlen-Karten).

Jetzt geht's los

Die Schüler bilden Paare oder Kleingruppen. Jedes Team erhält ein (durchmischtes) Kartenset und legt die einzelnen Karten offen vor sich aus. Stellen Sie den Schülern folgende **Aufgabe**:
Vor euch liegen 9 gelbe und 9 grüne Karten mit Zahlen. Zwischen den Zahlen besteht ein Zusammenhang, sodass zu jeder gelben Zahl exakt eine grüne Zahl gehört. Versucht zu entschlüsseln, welche Zahlen ein Paar bilden und warum!

Die Schüler beginnen, zu knobeln. Ob und wann Sie Tipps geben, liegt bei Ihnen und dem Ehrgeiz der Schüler. Eine mögliche Hilfestellung wäre es, ein Zahlenpaar vorzugeben, z. B.: *Die grüne 9 gehört zur gelben 27.* Alternativ können Sie auch verraten, dass der gesuchte Zusammenhang etwas mit dem Begriff „Quersumme" zu tun hat.

Quersumme – Rätselhafte Zusammenhänge

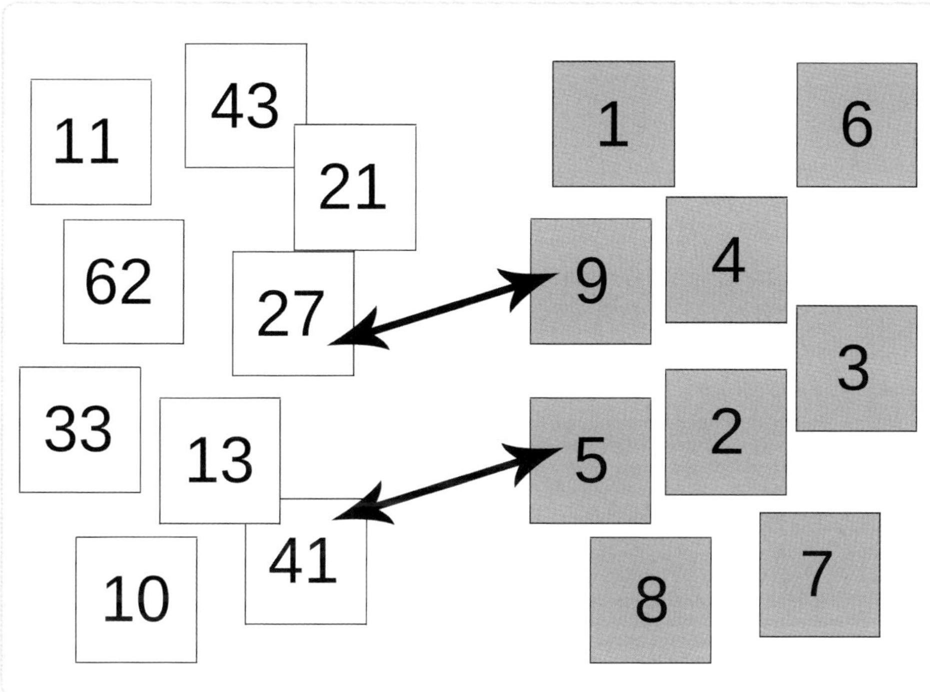

Sobald die Schüler eine oder mehrere Vermutungen haben, werden diese im Plenum gesammelt und gemeinsam auf ihre Plausibilität hin überprüft.

TIPP

Sie können das Rätsel auch in eine kleine **Detektiv-Geschichte** einpacken:
9 Verdächtige wohnen in 9 verschiedenen Zimmern eines Hotels. Man weiß aber nicht, wer welche Zimmernummer hat. Um einen Kriminalfall zu lösen, soll der geheime Code geknackt werden, der einem die Zimmernummer jedes Verdächtigen verrät.

Zum Festigen kann das Spiel mit neuen Zahlen-Kärtchen regelmäßig wiederholt werden (mit nach und nach größer werdenden Zahlen und Quersummen).

VARIANTE 1

Die Übung lässt sich auch in Form eines **Mini-Turniers** durchführen, bei dem das Team gewinnt, das am schnellsten alle richtigen Paare findet.

VARIANTE 2

Sie können dieses Spiel auch als **Memory** spielen lassen, in dem die Schüler jeweils Paare aus Zahl und Quersumme suchen müssen.

Kopiervorlage

Quersummen-Karten

1	2	3
4	5	6
7	8	9

Zahlen-Karten

10	11	21
13	41	33
43	62	27

Teilbarkeit – Faustregeln fürs Teilen

WORUM GEHT'S?

Mit dieser Übung lernen die Schüler die Faustregeln für die Teilbarkeit durch die Zahlen 2–6 und 8–10 kennen. Wird sie regelmäßig wiederholt, festigen sich die Regeln und die Schüler verlieren nach und nach auch die Angst davor, mit größeren Zahlen umzugehen.

FÜR WEN?

Klassenstufe 5–6
Plenum, Gruppenarbeit (ca. 4–5 Schüler)

WAS BRAUCHT MAN?

→ 6 bis 9 DIN-A4-Blätter Papier
→ 10–20 DIN-A4-Bögen Tonkarton
→ 1 dicker Stift

für jeden Schüler bzw. jede Gruppe:
→ 1 Stift
→ 1 Zettel für Notizen

WIE VIEL ZEIT BRAUCHT MAN?

Vorbereitung: 10–15 min
(Die Materialien sind anschließend z. T. wiederverwendbar.)
Durchführung: 15–20 min

Was ist vorher zu tun?

Bereiten Sie DIN-A4-Blätter vor, auf die Sie jeweils groß die **Teilbarkeitsregel** zu einem Teiler notieren (s. u.). Für den Anfang bieten sich die Teiler 2, 3, 4, 5, 9 und 10 an. Sind die Schüler schon geübter in Teilbarkeiten und Quersummen, können sie auch die Teilbarkeitsregeln für die 6 und später für die 8 ergänzen.

FAUSTREGELN FÜR TEILBARKEITEN: EINE ZAHL IST TEILBAR DURCH ...

2 – wenn sie eine gerade Zahl ist.
3 – wenn ihre Quersumme durch 3 teilbar ist.
4 – wenn ihre letzten beiden Ziffern eine Zahl bilden, die durch 4 teilbar ist.
5 – wenn ihre letzte Ziffer eine 0 oder eine 5 ist.
6 – wenn sie durch 2 und durch 3 teilbar ist.
8 – wenn ihre letzten 3 Ziffern eine Zahl bilden, die durch 8 teilbar ist.
9 – wenn ihre Quersumme durch 9 teilbar ist.
10 – wenn ihre letzte Ziffer eine 0 ist.
100 – wenn ihre letzten beiden Ziffern 00 sind.
1000 – wenn ihre letzten 3 Ziffern 000 sind.

Denken Sie sich 2- bis 5-stellige Zahlen aus (ca. 10–20), deren Teilbarkeit geprüft werden soll. Wählen Sie gern auch Zahlen, die durch **mehr als 1 oder 2 der Teiler** teilbar sind (z. B. 1 080). Jede Zahl schreiben Sie groß auf ein separates Blatt Tonkarton. Auf der Rückseite notieren Sie jeweils die passenden Teiler zwischen 2 und 10. Achten Sie darauf, dass die Lösungen nicht auf der Vorderseite durchscheinen!

Teilbarkeit – Faustregeln fürs Teilen

Jetzt geht's los

Die Klasse bildet so viele in etwa gleich große Gruppen, wie Teiler untersucht werden sollen, z. B. 6 Gruppen für die Teiler 2, 3, 4, 5, 9 und 10. Jedes Team wird **Experte für einen dieser Teiler** – dazu teilen Sie jeder Gruppe einen Zettel mit einer Teilbarkeitsregel aus. (Ist Ihre Klasse sehr fit, können auch jetzt bereits je eine zusätzliche Gruppe für die Zahl 6 oder sogar 8 gebildet werden.)

Gehen Sie zunächst im Plenum gemeinsam die Regeln durch, indem jedes Team seine Regel laut vorliest und Sie mit der Klasse ein bis zwei Beispiele durchspielen und eventuelle Fragen klären (so muss eventuell erklärt oder wiederholt werden, was eine Quersumme ist).

Halten Sie dann die erste (möglichst 2-stellige) Zahl hoch, die auf ihre Teilbarkeit hin geprüft werden soll (z. B. 96). Jedes Team bespricht sich nun, ob der ihnen zugewiesene Teiler die Zahl teilt, also **ob die Teilbarkeitsregel gilt**.
Es geht nicht darum, ein Divisionsergebnis zu berechnen, sondern darum, zu überprüfen, ob die jeweilige Teilbarkeitsregel erfüllt ist.

Sobald alle Gruppen fertig sind, sagen die einzelnen Teams nacheinander, ob die ihnen zugewiesene Zahl ein Teiler ist oder nicht, und geben immer eine **Begründung** an (z. B.: *weil die Quersumme 15 ergibt und 15 durch 3 teilbar ist*). So verinnerlichen auch die anderen Schüler die jeweilige Regel und alle Gruppen lernen miteinander. Zur Kontrolle drehen Sie am Ende Ihr Blatt um und zeigen die Teiler der Zahl.

Anschließend zeigen Sie den Schülern die nächste Zahl usw. Steigern Sie dabei langsam die Ziffernanzahl.

TIPP

Um die Teilbarkeitsregeln zu festigen, können Sie die Übung, über das Schuljahr verteilt, **mehrfach wiederholen**. Achten Sie darauf, dass die Schüler jedes Mal einen anderen zu testenden Teiler zugeordnet bekommen.

Teilbarkeit: Primzahlen – Auf Autogrammjagd

WORUM GEHT'S?

Bei der „Autogrammjagd" erarbeiten die Schüler auf aktive Weise selbst die ersten **Primzahlen** und erkunden den Unterschied zwischen Primzahlen und zusammengesetzten Zahlen.

FÜR WEN?

Klassenstufe 5
alle Schüler zusammen in wechselnder Partnerarbeit, Plenum

WAS BRAUCHT MAN?

für jeden Schüler:

→ 2 DIN-A4-Blätter
→ 1 Stift, der nicht zu sehr durch Papier durchdrückt
→ etwas Kreppklebeband o. Ä.

WIE VIEL ZEIT BRAUCHT MAN?

Vorbereitung: ca. 5 min
Durchführung: 20–30 min

WISSENSWERTES

Das Wort „Primzahl" stammt vom lateinischen Begriff *numerus primus* ab und bedeutet „die erste Zahl".

Was ist vorher zu tun?

Schreiben Sie für die Auswertung der Aktion gut sichtbar die folgende Tabelle an die Tafel (oder auf Paketpapier an einer Pinnwand o. Ä.). Sie benötigen dabei so viele nummerierte Spalten, wie Schüler in der Klasse sind. Die hier beispielhaft ausgefüllten Felder in der Spalte „6" lassen Sie dabei frei.

Meine Nummer:	1	2	3	4	5	6	...	Anzahl Schüler
Wie viele Autogramme habe ich bekommen?						3		
Von wem?						1; 2; 3		

Jetzt geht's los

JEDER BEKOMMT EINE NUMMER

Die Schüler zählen sich der Reihe nach ab, sodass jedem eine individuelle Zahl zwischen 1 und x zugeordnet ist (x = Anzahl der Schüler in der Klasse). Jeder schreibt seine Zahl groß auf ein DIN-A4-Blatt und lässt sich dieses mit etwas Klebeband von seinem Nachbarn **auf dem Rücken befestigen** (wie bei einem Sportlertrikot). Auf das zweite Blatt schreiben die Schüler ihre Zahl etwas kleiner als eine Art Überschrift an den oberen Rand.

Teilbarkeit: Primzahlen – Auf Autogrammjagd

DIE AUTOGRAMMJAGD BEGINNT

Die Schüler gehen mit einem Stift und ihrem Zettel im Raum umher und sammeln darauf Autogramme von allen Mitschülern, durch deren Zahl sich ihre eigene Zahl **ohne Rest teilen** lässt. Ein Autogramm besteht hierbei nicht aus dem Namen des Schülers, sondern aus seiner Nummer. Wenn z. B. Frida die Nummer 6 ist, benötigt sie die Autogramme von Ali mit der Nummer 1, von Britta mit der Nummer 2 und von Calvin mit der Nummer 3.

Wird ein Schüler um ein Autogramm gebeten, so muss er erst **kontrollieren**, ob seine Zahl wirklich die des anderen teilt. So findet bereits während der Interaktion eine Partnerkontrolle statt und die Fehlerquote verringert sich.

DIE GEMEINSAME AUSWERTUNG

Lassen Sie zunächst die Ergebnisse zusammentragen: Jeder Schüler, beginnend bei der Nummer 1, trägt in die vorbereitete Tabelle an der Tafel ein, **wie viele Autogramme** er bekommen hat und **von welchen Nummern** (siehe Beispiel oben). Die anderen Mitschüler überlegen mit, ob z. B. noch Autogramme fehlen, deren Zahlen dann in der Liste ergänzt werden. So können eventuelle Fehler zusammen mit der Gruppe schnell behoben werden.

Vermutlich wird recht schnell klar, dass die Nummern 2, 3, 5, 7, 11 ... jeweils nur ein Autogramm auf ihren Zetteln haben. Die 1 hat sogar kein einziges Autogramm. Die meisten Autogramme konnten die Nummern 12; 18; 24; 30 ... finden. Die Nummern 1, 2 und 3 haben wiederum bei vielen anderen Mitschülern unterschrieben.

Markieren Sie in der Tabelle während der Besprechung der Ergebnisse diejenigen Zahlen, die **nur ein Autogramm** haben. Falls die Schüler nicht schon selbst darauf gekommen sind, muss jetzt auf die Frage hingeführt werden, ob die Zahlen mit nur einem Autogramm nicht doch noch durch eine andere Zahl teilbar sind (nämlich durch sich selbst – also durch die Zahl, die von Anfang an oben auf dem Zettel steht). Somit haben die Schüler nun die ersten Primzahlen sowie die allgemeinen Eigenschaften aller **Primzahlen** erarbeitet.

TIPP

Im Anschluss können Sie mit den soeben gemachten Erfahrungen die Begriffe „Primzahl" und „zusammengesetzte Zahl" verknüpfen und auch die **Sonderstellung der 1** besprechen.

Teilbarkeit: Primfaktorzerlegung – Codeknacker

WORUM GEHT'S?

Dieses Knobel-Experiment ermöglicht den Schülern einen spielerisch-entdeckenden Einstieg in die Primfaktorzerlegung. Indem die Schüler aus Primzahlen passende „Codes" für verschiedene „Tresore" (ganze Zahlen) bilden, stellen sie fest, dass sich jede positive ganze Zahl als **Produkt von Primzahlen** schreiben lässt.

FÜR WEN?

Klassenstufe 6
Einzel-, Partner- oder Kleingruppenarbeit (max. 4 Schüler)

WAS BRAUCHT MAN?

für jeden Schüler:

→ 1 Zettel oder 1-mal die Vorlage „Primfaktorzerlegung" (Kopiervorlage S. 39)
→ 1 Stift

WIE VIEL ZEIT BRAUCHT MAN?

Vorbereitung: 5–10 min
Durchführung: 30–45 min

$$66 = 2 \cdot 3 \cdot 11$$

Was ist vorher zu tun?

Schreiben Sie die **Primzahlen zwischen 1 und 50** an die Tafel. Diese Primzahlen sind die „Schlüssel", mit denen die Schüler die passenden Codes für die zu entsperrenden Tresore austüfteln müssen.

Jetzt geht's los

Lassen Sie die Schüler links auf ihrem Zettel untereinander (mit ausreichend Abstand) die Zahlen **4 bis 50** notieren. Alternativ können Sie die Vorlage (S. 39) austeilen.
Dies sind die Nummern der **Tresore**, die es zu öffnen gilt. Allein, zu zweit oder in Kleingruppen versuchen die Schüler nun, mithilfe der **Schlüsselzahlen** an der Tafel für jeden Tresor den passenden Code zu finden. Dabei gelten folgende Regeln:

→ Jeder Code besteht aus einer **unbekannten Anzahl** von Schlüsseln (Primzahlen).
→ Die Schlüssel (Primzahlen) ergeben miteinander **multipliziert** die Tresor-Nummer (sie bildet ihr Produkt).
→ Derselbe Schlüssel (dieselbe Primzahl) kann auch **mehrmals** in einem Code vorkommen.

Vergleichen Sie die Ergebnisse im Plenum und besprechen Sie folgende Fragen:

→ **Wie viele Zahlen** von 4 bis 50 lassen sich mit Primzahlen „entschlüsseln"?
→ Und wie sieht es wohl mit den Zahlen **über 50** aus?

Primfaktorzerlegung

4		**20**		**36**	
5		**21**		**37**	
6		**22**		**38**	
7		**23**		**39**	
8		**24**		**40**	
9		**25**		**41**	
10		**26**		**42**	
11		**27**		**43**	
12		**28**		**44**	
13		**29**		**45**	
14		**30**		**46**	
15		**31**		**47**	
16		**32**		**48**	
17		**33**		**49**	
18		**34**		**50**	
19		**35**			

Hochzusammengesetzte Zahlen – Schokoküsse clever verpackt

WORUM GEHT'S?

Hochzusammengesetzte Zahlen besitzen mehr Teiler als jede kleinere natürliche Zahl und sind dadurch gewissermaßen das „Gegenteil" der Primzahlen. Im Alltag begegnen sie uns z. B. in Stückzahlen in Verpackungen. In diesem Gedankenexperiment suchen die Schüler nach Verpackungen eines Schokokuss-Herstellers, bei denen die begehrten Leckereien **möglichst gerecht aufgeteilt** werden können.

FÜR WEN?

Klassenstufe 5–6

Kleingruppenarbeit (2–3 Schüler) mit Auswertung in der Großgruppe

WAS BRAUCHT MAN?

für jeden Schüler:

→ 1 Mini-Schokokuss

für jede Gruppe:

→ 1 Stift

→ kariertes Papier

WIE VIEL ZEIT BRAUCHT MAN:

Vorbereitung: ca. 5 min

Durchführung: ca. 30 min

WISSENSWERTES

Einige alte Währungen bezogen sich auf hochzusammengesetzte Zahlen: Unter Karl dem Großen entsprach 1 Pfund Silber 240 Pfennigen und zeitweise zählte 1 Preußischer Taler 360 Pfennige.

Was ist vorher zu tun?

Bereiten Sie an der Tafel 2 Tabellen vor. Die erste Tabelle benötigt Spalten für die Zahlen **1 bis 29** und eine Zeile für die zugehörige Anzahl Teiler. Die zweite Tabelle benötigt Spalten für die Zahlen von **30 bis 50** und ebenfalls eine Zeile für die jeweilige Anzahl Teiler.

Zur Auflockerung können Sie auch den Firmennamen eines ausgedachten oder existenten Schokokuss-Herstellers an die Tafel schreiben, z. B.: „Schokokuss-Produktion Schmackofatz".

Zahl	1	2	3	4	5	6	7	8	9	10	11	12	...
Anzahl Teiler													

Hochzusammengesetzte Zahlen – Schokoküsse clever verpackt

Jetzt geht's los

EINE GESCHICHTE ALS EINLEITUNG:

Ein Hersteller von Schokoküssen möchte sein Sortiment um Mini-Schokoküsse erweitern. Dabei wird es zwei verschiedene Verpackungsgrößen geben. In der kleineren Verpackung soll eine Anzahl zwischen ***mindestens 1*** *und* ***maximal 29*** *Schokoküssen Platz finden. Die größere Verpackung soll* ***mindestens 30 und höchstens 50*** *Schokoküsse enthalten. Da Schokoküsse gern bei Partys oder in Gruppen gegessen werden, soll bei beiden Verpackungen die Anzahl der Schokoküsse so gewählt werden, dass bei möglichst vielen Gruppenstärken ein gerechtes Aufteilen der Schokoküsse ohne Rest möglich ist. Der Hersteller gibt diese Aufgabe an das Team seines Verpackungs-Managements* (dies ist dann Ihre Klasse) *weiter und bittet um schnelle Rückmeldung, welche* ***Stückzahlen*** *die beiden Verpackungen jeweils enthalten sollen.*

AUFTEILUNG DER ZAHLENBEREICHE

Die Klasse bildet zunächst 2 etwa gleich große Gruppen. Eine Gruppe erhält den Zahlenbereich von 1 bis 29 und die andere den Bereich von 30 bis 50.
Die beiden Großgruppen teilen sich nun in weitere Kleingruppen (2–3 Personen) auf, von denen jeder ein paar Zahlen ihres Zahlenbereiches zugewiesen werden. Für diese Zahlen sollen sie herausfinden, **wie viele und welche Teiler** diese haben. Die Schüler notieren die Zahlen mit ihren Teilern zunächst auf Papier. Die Ergebnisse tragen sie dann in ihrer Großgruppe zusammen.

AUSWERTUNG UND ERGEBNIS

Anschließend stellen sich die Großgruppen gegenseitig ihre Ergebnisse vor. Dabei füllt jede Gruppe an der Tafel die Tabellenspalten zur **Anzahl der Teiler** aus. Beide Gruppen überlegen jetzt gemeinsam, welche Menge an Mini-Schokoküssen in den jeweiligen Verpackungen sein soll, um den Ansprüchen des Herstellers zu entsprechen.

Für den Zahlenbereich von 1 bis 29 hat die 24 die meisten Teiler (8), für den Bereich von 30 bis 50 ist es die 48 mit 10 Teilern. Dies sind also die beiden Stückzahlen, welche die Bedingung am besten erfüllen.
Mit diesem Themeneinstieg können nun die **Eigenschaften hochzusammengesetzter Zahlen** gemeinsam erläutert werden:
Sie besitzen mehr Teiler als jede natürliche Zahl, die kleiner ist als sie selbst, d. h., sie sind **durch viele Zahlen ohne Rest teilbar**.
Wählt man Einheiten oder Stückzahlen so, dass sie auf hochzusammengesetzten Zahlen beruhen, erreicht man daher, dass sie sich auf viele verschiedene Arten in gleich große Stückzahlen aufteilen lassen.

TIPP

Schaut man sich die ersten 13 Vertreter der hochzusammengesetzten Zahlen an, so stellt man fest, dass uns viele von ihnen auch anderswo häufig im Alltag begegnen – z. B. auf der Uhr (12 h bzw. 24 h/60 min/60 s), dem **Jahreskreis** (12 Monate/4 Jahreszeiten/ca. 360 Tage) und den **Gradzahlen** im Kreis (360°/180°/90°).

Teilbarkeit: (k)gV - Der Rhythmus der gemeinsamen Vielfachen

WORUM GEHT'S?

Dieses Experiment vermittelt über das Hören und das Sehen ein erstes Grundverständnis zu (kleinsten) gemeinsamen Vielfachen (k)gV. Hier wird schnell deutlich: Mathematik hat viel mit Rhythmus zu tun und wird über das Hören und den **selbst erzeugten Rhythmus** noch einmal ganz neu erfahrbar! Außerdem folgen mathematische Regeln und Gesetzmäßigkeiten häufig klaren Mustern, die sich – einmal visualisiert – viel besser einprägen und nachvollziehen lassen.

FÜR WEN?

Klassenstufe 5

alle Schüler der Klasse gemeinsam

WAS BRAUCHT MAN?

→ evtl. verschiedene Rhythmusinstrumente o. Ä. (Klanghölzer, Triangel ...) aus dem Musikraum

für jeden Schüler:

→ 1 Stift

→ 1 Zettel für Notizen

WIE VIEL ZEIT BRAUCHT MAN?

Vorbereitung: 0–3 min

Durchführung: 20–30 min

Was ist vorher zu tun?

Falls nötig, wiederholen Sie im Plenum einmal kurz das Einmaleins (bis maximal 15).

Vielfache von 4:

1, 2, 3, **4**, 5, 6, 7, **8**, 9, 10, 11, **12**,
13, 14, 15, **16**, 17, 18, 19, **20**

Jetzt geht's los

Teilen Sie die Zahlen von 2 bis maximal 15 auf die Schüler auf. Je nach Klassengröße wird eine Zahl also von 1 bis 2 Schülern „betreut". Sie als anleitende Person übernehmen die 1 und sind damit das „Metronom".
Die Schüler überlegen nun für die ihnen zugewiesene Zahl die nächsten 5–10 **Vielfachen** und notieren sich diese bei Bedarf nebeneinander auf einen Zettel. Außerdem wählt jeder Schüler bzw. jedes Schülerpaar ein **gut hörbares Geräusch** für seine Zahl. Hierfür kann z. B. ein Geräusch mit den Händen, Füßen oder dem Mund erzeugt werden (Klatschen, Stampfen, Pfeifen, Klopfen ...) oder ein Rhythmusinstrument zum Einsatz kommen (Klangholz, Triangel ...). Jede Zahl muss zwecks Unterscheidbarkeit ein eigenes Geräusch bekommen.

Alternativ kann auch einfach die eigene Zahl laut gesagt werden – diese Variante ist etwas übersichtlicher für die Auswertung, während die Variante mit Geräuschen häufig interessanter für die Schüler ist.

Teilbarkeit: (k)gV – Der Rhythmus der gemeinsamen Vielfachen

TIPP

Werden Geräusche genutzt, sollten die 2 und die 3 möglichst nicht zu durchdringend und laut „vertont" werden, da ihre Vielfachen häufig vorkommen und es dann schnell anstrengend für die Ohren wird.

Nun zählen Sie, beginnend mit 1, langsam vorwärts (z. B. bis 50). Jedes Mal, wenn ein Schüler(paar) seine Zahl oder eines ihrer Vielfachen hört, macht er (es) das festgelegte Geräusch. Das könnte z. B. so klingen:

1:	1	2	3	4	5	6
2:		Klatsch!		Klatsch!		Klatsch!
3:			Pling!			Pling!

VARIANTE

Um einen guten Überblick zu erhalten, können die Schüler bei ihren Zahlen zusätzlich z. B. auch kurz aufstehen und sich wieder setzen (die 2 und 3 brauchen dann aber gute Ausdauer in Kniebeugen).

Besprechen Sie mit den Schülern folgende Fragen:

- Welcher **Rhythmus** ergibt sich?
- Zu welchen vorgezählten Zahlen machen mehrere Schüler(paare) **gleichzeitig** ihr Geräusch und was bedeutet das?
- Wann machen 2 oder sogar 3 bestimmte Schüler-Zahlen zum ersten Mal zur **selben** vorgezählten Zahl ein Geräusch? (Stichwort kgV)

TIPP

Um das kgV bestimmter Zahlen zu verdeutlichen, können auch 2 oder 3 Zahlen isoliert „vorgespielt" werden (z. B. sind alle anderen still, während nur die 3 und die 5 ihren Rhythmus spielen). Das „Metronom" sollte aber immer im Hintergrund leise durchzählen, damit sich die ausgewählten Zahlen danach richten können.

Lassen Sie die Klasse den Rhythmus ruhig einige Male hintereinander spielen – gern bald auch etwas schneller, sobald die Schüler sicher sind. Wenn das gut klappt, können die Schüler auch die Zahlen untereinander **tauschen** (damit diejenigen, die zuerst die 3 betreut haben, danach auch mal die 10 vertonen und deren Vielfache kennenlernen).

Teilbarkeit: (g)gT – Ist das Zauberei?

WORUM GEHT'S?
Dieses Experiment vermittelt ein erstes Grundverständnis zu (größten) gemeinsamen Teilern. Hier wird schnell deutlich: Mathematische Regeln und Gesetzmäßigkeiten folgen häufig klaren Mustern, die sich durch Visualisierung viel besser einprägen und nachvollziehen lassen.

FÜR WEN?
Klassenstufe 5–6
Einzelarbeit, Auswertung in der ganzen Klasse

WAS BRAUCHT MAN?
für jeden Schüler:
- 1 quadratisches Zahlenraster (20 × 20; Kopiervorlage S. 47)
- 1 Schere
- 1 größere Nähnadel, 1 Zirkel o. Ä. (zum Durchstechen von Papier)

WIE VIEL ZEIT BRAUCHT MAN?
Vorbereitung: 5–10 min
Durchführung: 15–20 min

Was ist vorher zu tun?

Bereiten Sie für jeden Schüler ein **quadratisches Raster** mit 20 Zahlenreihen von 1–20 vor (Kopiervorlage S. 47). Die einzelnen Kästchen müssen dabei auch quadratisch sein.

Jetzt geht's los

ZAHLENDIAGONALE MARKIEREN

Die Schüler markieren in der ersten Reihe die 1, in der zweiten Reihe die 2 usw. Es entsteht eine Zahlendiagonale von der linken oberen zur rechten unteren Ecke. Diese Diagonale teilt den Zahlenblock in ein linkes unteres Dreieck – die Hälfte der **Teiler** – und ein rechtes oberes Dreieck – die Hälfte der **Vielfachen**.
Dann umkreisen die Schüler in jeder Zeile die Vielfachen der in dieser Zeile markierten Zahl.

Teilbarkeit: (g)gT – Ist das Zauberei?

1	2	3	4	5	6	7	8	9	10	11	12	13	14	15	16	17	18	19	20
1	2	3	4	5	6	7	8	9	10	11	12	13	14	15	16	17	18	19	20
1	2	3	4	5	6	7	8	9	10	11	12	13	14	15	16	17	18	19	20
1	2	3	4	5	6	7	8	9	10	11	12	13	14	15	16	17	18	19	20
1	2	3	4	5	6	7	8	9	10	11	12	13	14	15	16	17	18	19	20
1	2	3	4	5	6	7	8	9	10	11	12	13	14	15	16	17	18	19	20
1	2	3	4	5	6	7	8	9	10	11	12	13	14	15	16	17	18	19	20
1	2	3	4	5	6	7	8	9	10	11	12	13	14	15	16	17	18	19	20
1	2	3	4	5	6	7	8	9	10	11	12	13	14	15	16	17	18	19	20
1	2	3	4	5	6	7	8	9	10	11	12	13	14	15	16	17	18	19	20
1	2	3	4	5	6	7	8	9	10	11	12	13	14	15	16	17	18	19	20
1	2	3	4	5	6	7	8	9	10	11	12	13	14	15	16	17	18	19	20
1	2	3	4	5	6	7	8	9	10	11	12	13	14	15	16	17	18	19	20
1	2	3	4	5	6	7	8	9	10	11	12	13	14	15	16	17	18	19	20
1	2	3	4	5	6	7	8	9	10	11	12	13	14	15	16	17	18	19	20
1	2	3	4	5	6	7	8	9	10	11	12	13	14	15	16	17	18	19	20
1	2	3	4	5	6	7	8	9	10	11	12	13	14	15	16	17	18	19	20
1	2	3	4	5	6	7	8	9	10	11	12	13	14	15	16	17	18	19	20
1	2	3	4	5	6	7	8	9	10	11	12	13	14	15	16	17	18	19	20
1	2	3	4	5	6	7	8	9	10	11	12	13	14	15	16	17	18	19	20

FALTEN UND DURCHSTECHEN

Jetzt schneiden die Schüler das Quadratraster sorgfältig aus und falten die **rechte obere** Ecke nach hinten auf die **linke untere** Ecke (der Knick verläuft also entlang der markierten Zahlendiagonale), sodass die beschriebene Rasterseite sichtbar bleibt. Sie legen das entstandene Dreieck so vor sich hin, dass sie die Seite mit den markierten Vielfachen sehen.

2	3	4	5	6	7	8	9	10	11	12	13	14	15	16	17	18	19	20
	3	4	5	6	7	8	9	10	11	12	13	14	15	16	17	18	19	20
		4	5	6	7	8	9	10	11	12	13	14	15	16	17	18	19	20
			5	6	7	8	9	10	11	12	13	14	15	16	17	18	19	20
				6	7	8	9	10	11	12	13	14	15	16	17	18	19	20
					7	8	9	10	11	12	13	14	15	16	17	18	19	20
						8	9	10	11	12	13	14	15	16	17	18	19	20
							9	10	11	12	13	14	15	16	17	18	19	20
								10	11	12	13	14	15	16	17	18	19	20
									11	12	13	14	15	16	17	18	19	20
										12	13	14	15	16	17	18	19	20
											13	14	15	16	17	18	19	20
												14	15	16	17	18	19	20
													15	16	17	18	19	20
														16	17	18	19	20
															17	18	19	20
																18	19	20
																	19	20
																		20

Mit der Nadel- oder Zirkelspitze stechen sie nun vorsichtig in jeder Zahlenreihe ein Loch durch die markierten Vielfachen. Dabei soll auch die darunter gefaltete Papierseite durchstochen werden.

Teilbarkeit: (g)gT – Ist das Zauberei?

ZAUBEREI?

Faltet man das Blatt anschließend wieder auf, sind die Löcher – beinah wie durch Zauberei – in der anderen Seite genau dort, wo die **Teiler** der in der entsprechenden Zeile markierten Zahl sind.

1	2	3	4	5	6	7	8	9	10	11	**12**	13	14	15	16	17	**18**	19	20
1	2	3	4	5	6	7	8	9	10	11	**12**	13	14	15	16	17	**18**	19	20
1	2	3	4	5	6	7	8	9	10	11	**12**	13	14	15	16	17	**18**	19	20
1	2	3	4	5	6	7	8	9	10	11	**12**	13	14	15	16	17	18	19	20
1	2	3	4	5	6	7	8	9	10	11	12	13	14	15	16	17	18	19	20
1	2	3	4	5	6	7	8	9	10	11	**12**	13	14	15	16	17	**18**	19	20
1	2	3	4	5	6	7	8	9	10	11	12	13	14	15	16	17	18	19	20
1	2	3	4	5	6	7	8	9	10	11	12	13	14	15	16	17	18	19	20
1	2	3	4	5	6	7	8	9	10	11	12	13	14	15	16	17	**18**	19	20
1	2	3	4	5	6	7	8	9	10	11	12	13	14	15	16	17	18	19	20
1	2	3	4	5	6	7	8	9	10	11	12	13	14	15	16	17	18	19	20
1	**2**	**3**	**4**	5	**6**	7	8	9	10	11	**12**	13	14	15	16	17	18	19	20
1	2	3	4	5	6	7	8	9	10	11	12	13	14	15	16	17	18	19	20
1	2	3	4	5	6	7	8	9	10	11	12	13	14	15	16	17	18	19	20
1	2	3	4	5	6	7	8	9	10	11	12	13	14	15	16	17	18	19	20
1	2	3	4	5	6	7	8	9	10	11	12	13	14	15	16	17	18	19	20
1	2	3	4	5	6	7	8	9	10	11	12	13	14	15	16	17	18	19	20
1	**2**	**3**	4	5	**6**	7	8	**9**	10	11	12	13	14	15	16	17	**18**	19	20
1	2	3	4	5	6	7	8	9	10	11	12	13	14	15	16	17	18	19	20
1	2	3	4	5	6	7	8	9	10	11	12	13	14	15	16	17	18	19	20

Thematisieren Sie im Plenum, dass und wie sich anhand des Rasters nun schnell der **ggT eines Zahlenpaars** ablesen lässt:
Lassen Sie die Schüler zu 2 Zahlen aus der Menge der Vielfachen (oberes Dreieck) anhand der Markierungen die gemeinsamen Teiler (unteres Dreieck) der beiden Zahlen heraussuchen.

Beispielsweise sind:
für die **12** die Teiler 1, 2, 3, 4, 6 markiert;
für die **18** die Teiler 1, 2, 3, 6, 9.
Gemeinsame Teiler sind also 1, 2, 3, 6.
Der **größte** dieser gemeinsamen Teiler ist die 6.

(Größte) gemeinsame Teiler lassen sich auf die Weise natürlich auch von 3 oder mehr Zahlen ermitteln.

VARIANTE

Das Ganze funktioniert natürlich auch umgekehrt: Wenn zuerst die Teiler markiert und durchstochen werden, erscheinen auf der anderen Seite der Zahlendiagonale die richtigen Vielfachen.
Dabei können die Schüler analog die **gemeinsamen Vielfachen heraussuchen** und dann das kleinste gemeinsame Vielfache ermitteln.

Zahlenraster

1	1	2	3	4	5	6	7	8	9	10	11	12	13	14	15	16	17	18	19	20
2	1	2	3	4	5	6	7	8	9	10	11	12	13	14	15	16	17	18	19	20
3	1	2	3	4	5	6	7	8	9	10	11	12	13	14	15	16	17	18	19	20
4	1	2	3	4	5	6	7	8	9	10	11	12	13	14	15	16	17	18	19	20
5	1	2	3	4	5	6	7	8	9	10	11	12	13	14	15	16	17	18	19	20
6	1	2	3	4	5	6	7	8	9	10	11	12	13	14	15	16	17	18	19	20
7	1	2	3	4	5	6	7	8	9	10	11	12	13	14	15	16	17	18	19	20
8	1	2	3	4	5	6	7	8	9	10	11	12	13	14	15	16	17	18	19	20
9	1	2	3	4	5	6	7	8	9	10	11	12	13	14	15	16	17	18	19	20
10	1	2	3	4	5	6	7	8	9	10	11	12	13	14	15	16	17	18	19	20
11	1	2	3	4	5	6	7	8	9	10	11	12	13	14	15	16	17	18	19	20
12	1	2	3	4	5	6	7	8	9	10	11	12	13	14	15	16	17	18	19	20
13	1	2	3	4	5	6	7	8	9	10	11	12	13	14	15	16	17	18	19	20
14	1	2	3	4	5	6	7	8	9	10	11	12	13	14	15	16	17	18	19	20
15	1	2	3	4	5	6	7	8	9	10	11	12	13	14	15	16	17	18	19	20
16	1	2	3	4	5	6	7	8	9	10	11	12	13	14	15	16	17	18	19	20
17	1	2	3	4	5	6	7	8	9	10	11	12	13	14	15	16	17	18	19	20
18	1	2	3	4	5	6	7	8	9	10	11	12	13	14	15	16	17	18	19	20
19	1	2	3	4	5	6	7	8	9	10	11	12	13	14	15	16	17	18	19	20
20	1	2	3	4	5	6	7	8	9	10	11	12	13	14	15	16	17	18	19	20

Umrechnung von Maßeinheiten – Milli-Man und seine Freunde

WORUM GEHT'S?

Stellentafeln helfen beim Umrechnen verschiedener Maßeinheiten ineinander: Einigen Schülern fällt es trotz Umrechnungstabellen schwer, sich z. B. die Unregelmäßigkeit beim **Umrechnungsfaktor** zwischen Meter und Kilometer zu merken. Sind diese Schüler interessiert an Videospielen (z. B. an Spielen mit Charakteren, die sich nach und nach weiterentwickeln), kann ihnen die **Geschichte vom „Milli-Man"** als Eselsbrücke dienen und gleichzeitig etwas Bewegung in den Unterricht bringen.

FÜR WEN?

Klassenstufe 5

Kleingruppenarbeit (ca. 3–4 Personen) oder Vorführexperiment am Lehrerpult

WAS BRAUCHT MAN?

für jeden Schüler:

→ 1 Set Stellentafeln (Kopiervorlage S. 51)

→ 1 Stift

WIE VIEL ZEIT BRAUCHT MAN?

Vorbereitung: ca. 5 min

Durchführung: 15–20 min

Was ist vorher zu tun?

Kopieren Sie für alle Schüler die „Stellentafeln" (Kopiervorlage S. 51).

Jetzt geht's los

LÄNGENMASSE

Erzählen Sie zur **Einleitung** die Geschichte vom Milli-Man:

Milli-Man *ist ein kleiner Superheld, der Abenteuer bestehen muss und dafür Punkte erhält. Immer wenn er 10 Level-Punkte erhalten hat, erreicht er die nächsthöhere Entwicklungsstufe: So verwandelt er sich von „Milli-Man" zu „Zenti-Man", zu „Dezi-Man" und zu „Meter-Man". Um sich vom „Meter-Man" in seine allerhöchste „Meisterstufe" zu entwickeln, muss er sich zum Abschluss noch einmal richtig anstrengen und 1000 Punkte sammeln. Dann wird er zum riesigen und unbesiegbaren „Kilo-Man"!*

Teilen Sie dann die Stellentafeln aus und geben Sie eine Anfangszahl vor. Diese Zahl gibt die Größe des Milli-Mans an und wird in die **Stellentafel der Längenmaße** in die Spalte „mm" geschrieben – im Beispiel „6".

Längenmaße: Umrechnungsfaktor: 10

Beispiel: Anfangsgröße des Milli-Man 6 mm

km	m			dm	cm	mm
						6

Umrechnung von Maßeinheiten – Milli-Man und seine Freunde

Nun muss der Milli-Man mithilfe der Schüler die **nächste Stufe** erreichen.
Dafür geben Sie eine kleine Bewegungsaufgabe vor, welche jede Schülergruppe 10-mal bewältigen muss: z. B. 10-mal aufstehen und hinsetzen oder auf einem Bein hüpfen o. Ä. Wählen Sie Aufgaben, die für alle Schüler zu schaffen sind, damit kein Frust aufkommt. Oder jede Gruppe wählt selbst ihre Aufgabe.
Sind die 10 Durchläufe geschafft, hat Milli-Man 10 Level-Punkte erreicht, seine Größe verzehnfacht sich auf 6 cm und er wird Zenti-Man. Mit 10 weiteren Level-Punkten aus einer neuen Bewegungsaufgabe verzehnfacht er sich auf 6 dm zu Dezi-Man usw., bis er schließlich die **Meisterstufe** von 6 km erreicht.
Die Größen rutschen in der Tabelle in die Spalten der jeweils größeren Einheit und die rechts liegenden Spalten werden mit Nullen gefüllt.
Die Schüler müssen also die Größe von Dezi-Man mit 10 multiplizieren, damit er zum Meter-Man wird. Die Größe des Meter-Mans muss aber 3-mal mit 10 multipliziert werden, damit er die Stufe des Kilo-Mans erreicht: **Meter × 10 × 10 × 10 = Kilometer**.
Sie können die Schüler nun ausrechnen lassen, dass 10 × 10 × 10 = 1000 ist, dass also erst 1000 Punkte den Meter-Man die Meisterstufe erreichen lassen.

km	m			dm	cm	mm
						6
					6	0
				6	0	0
			6	0	0	0
		6	0	0	0	0
	6	0	0	0	0	0
6	0	0	0	0	0	0

FLÄCHENMASSE

Um von einem Flächenmaß zum nächsthöheren zu kommen, multipliziert man die Maßzahl mit 100. Die Geschichte vom Milli-Man wird abgeändert zu der von seiner Freundin **Milli-Quadrata**, die das Erreichen von 10 Punkten für viel zu leicht hält und deshalb für jede Weiterentwicklung 100 Punkte sammelt.
Dabei wird sie nach und nach zu Dezi-Quadrata, Meter-Quadrata und schließlich zur Kilo-Quadrata und ihre Größe verhundertfacht sich jeweils.

Flächenmaße: Umrechnungsfaktor: 100
Beispiel: Anfangsgröße der Milli-Quadrata 3 mm^2

km^2		ha		a		m^2		dm^2		cm^2		mm^2	
													3
												3	0
											3	0	0

Im Spiel werden wieder in jeder Runde 10 Level-Punkte gesammelt, um Milli-Quadrata von z. B. 3 mm^2 auf 30 mm^2 wachsen zu lassen usw. Dabei sehen die Schüler jedoch, dass erst nach dem **2-maligen Sammeln** von 10 Punkten die nächste Entwicklungsstufe erreicht ist – erst wenn Milli-Quadrata ihre Größe 2-mal verzehnfacht hat, hat sie die nächste Entwicklungsstufe erreicht:
von 3 mm^2 auf 3 cm^2.

Die Schüler können nachrechnen, dass eine 2-malige Verzehnfachung (10 × 10) einer Vergrößerung um 100 entspricht.

Umrechnung von Maßeinheiten – Milli-Man und seine Freunde

WEITERE MASSE

Ähnlich gehen Sie bei Raummaßen oder Maßen für die Masse vor oder für Geldeinheiten oder Zeiteinheiten oder ...
Sie können sich auch hier Namen für die kleinen Superhelden ausdenken.

Raummaße: Umrechnungsfaktor: 1000 bzw. 1000 000

km^3			m^3									dm^3/l			cm^3/ml			mm^3		

Beispiele: $41\,m^3 = 41\,000\,dm^3$;
$5\,km^3 = 5\,000\,000\,m^3$

Massenmaße: Umrechnungsfaktor: 1000

t			kg			g			mg		
				1	3	0	0	0	0	0	0

Beispiel: 13 kg = 13 000 g = 13 000 000 mg

VARIANTE

Vielleicht erfindet Ihre Gruppe ja schon bald neue Abenteuer von Milli-Man und seinen Freunden, nach denen man das Spiel variieren kann.

Stellentafeln

MILLI-MAN

Längenmaße: Umrechnungsfaktor: 10

km	m			dm	cm	mm

MILLI-QUADRATA

Flächenmaße: Umrechnungsfaktor: 100

km^2		ha		a		m^2		dm^2		cm^2		mm^2	

Mengenbeziehungen – Schnittmengen in neuem Licht

WORUM GEHT'S?

Hier werden mithilfe von Farbüberlagerungen erste Zusammenhänge und Begrifflichkeiten von Mengenbeziehungen visualisiert und geübt.

FÜR WEN?

Klassenstufe 5
Einzel-, Partner- oder Kleingruppenarbeit (max. 4 Schüler)

WAS BRAUCHT MAN?

- ggf. 1 Set Form-Schablonen (Kopiervorlage S. 55)
- ca. 4–5 DIN-A4-Bögen feste Pappe

für jeden Schüler bzw. jede Schülergruppe:

- Folie (oder Transparentpapier) in Gelb ausreichend für 1 große und 1 kleine Form und in Blau ausreichend für 1 große Form
- Tonpapier in Gelb ausreichend für 1 große Form und in Grün (als Farbe, die sich durch subtraktive Farbmischung aus den beiden Folienfarben Gelb und Blau ergibt) ausreichend für 2 große Formen
- 1 Folienstift oder 1 weicher Bleistift
- 1 Schere
- ggf. 1 Zirkel

WIE VIEL ZEIT BRAUCHT MAN?

Vorbereitung: ca. 10 min
Durchführung: 30–45 min

Was ist vorher zu tun?

Es ist sinnvoll, einige Beispielformen als **Anschauungsmaterial** vorzubereiten, bevor die Schüler selbst losbasteln.
Hierfür schneiden Sie folgende Formen aus, die gleich groß und gleich geformt sein sollen:

- je 1 große Form aus gelber und blauer Folie
- 1 große Form aus gelbem Tonpapier
- 2 große Formen aus grünem Tonpapier

Außerdem benötigen Sie:

- 1 kleinere Form aus gelber Folie

Für die Formen können Sie die Kopiervorlage auf S. 55 nutzen. Mit deren Hilfe lassen sich aus fester Pappe auch Schablonen für die Schüler erstellen (wenn diese z. B. nicht ausreichend Zirkel zur Verfügung haben).

Mengenbeziehungen – Schnittmengen in neuem Licht

Jetzt geht's los

Die Schüler stellen mithilfe der Schablonen oder mit einem Zirkel in Einzel-, Partner- oder auch Kleingruppenarbeit nach Ihren Anschauungsmustern selbst Formen aus der Folie und dem Tonpapier her. Nach einem kurzen Einstieg, in dem Sie mit Ihren Anschauungsmaterialien die Mengenbeziehungen vorführen und erläutern können, bilden die Schüler(teams) mit ihren Formen verschiedene **Mengenbeziehungen** nach:

- → **Mengengleichheit:** 2 gleich große transparente Formen (gelb und blau) überdecken sich exakt. Der dann grün gefärbte Bereich zeigt die Gleichheit der Mengen an.
- → **Teilmenge:** Die kleine gelbe transparente Form liegt vollständig innerhalb der großen blauen transparenten Form. Der dann grün gefärbte Bereich gibt die Teilmenge an.
- → **Vereinigungsmenge:** Die nichttransparenten grünen Formen überdecken sich zum Teil. Wieder zeigt der grüne Bereich das Ergebnis, die Vereinigungsmenge, an.
- → **Schnittmenge:** Eine gelbe und eine blaue transparente Form überdecken sich zum Teil. Der dann grün gefärbte Bereich zeigt die Schnittmenge an.
- → **Differenzmenge:** Die gelbe nichttransparente Form überdeckt zum Teil die grüne nichttransparente Form. Auch hier ist so der grüne Bereich das Ergebnis, die Differenzmenge Grün/Gelb („Grün ohne Gelb").

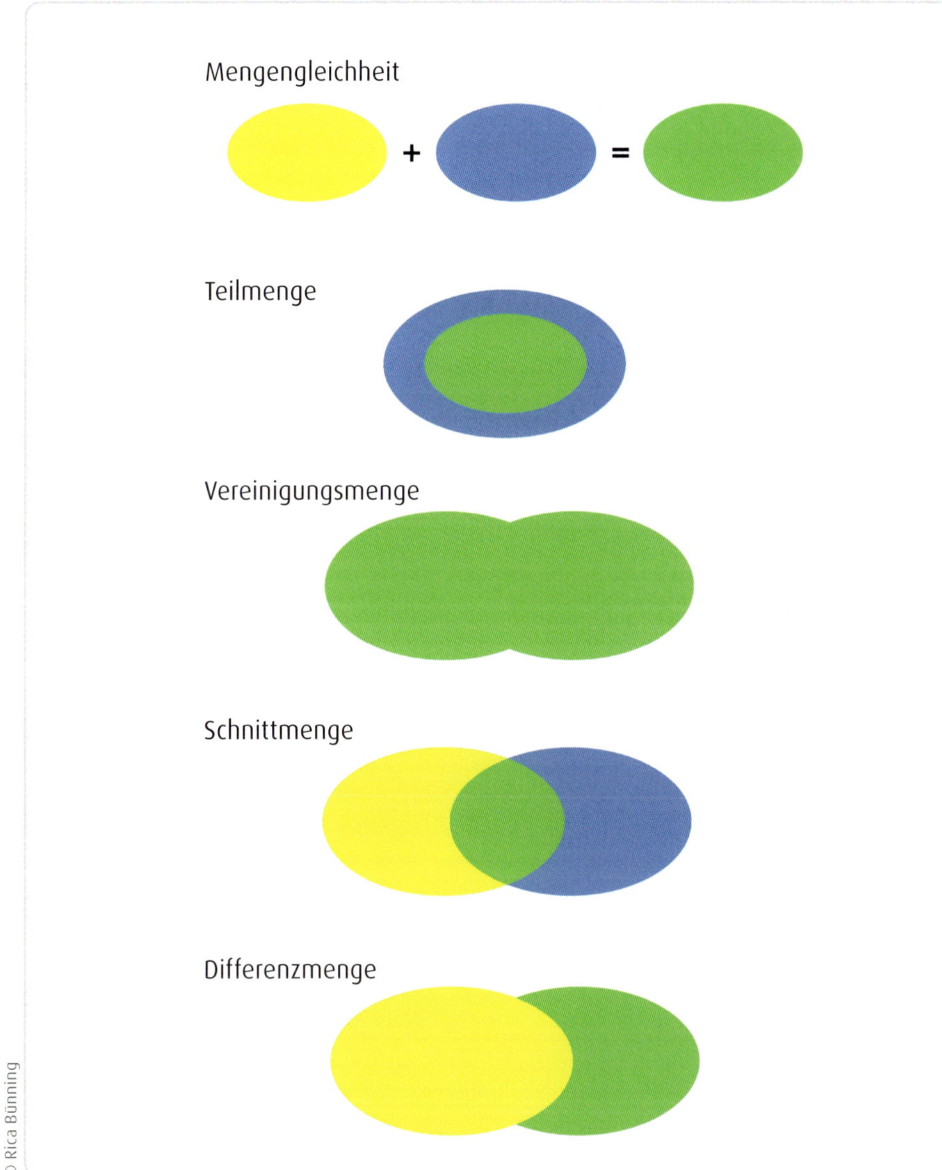

Mengenbeziehungen – Schnittmengen in neuem Licht

TIPP

Die angegebenen Farben sind natürlich nur Beispiele – auch andere Farbkombinationen sind möglich, wie:

→ Gelb/Rot/Orange
→ Rot/Blau/Lila

MEHRERE FORMEN ÜBERLAGERN

Im nächsten Schritt können die Schüler auch **mehr als 2 Formen** überlagern. (Dazu muss im Vorfeld genügend Material vorbereitet werden, ggf. auch in weiteren Farben.) Insbesondere die Schnittmenge bietet sich hier an. Beim Überlagern der transparenten Folien entstehen weitere Farben.

Z. B. kann zusätzlich zur gelben und blauen transparenten Form noch eine weitere große Form in grüner Folie zugeschnitten werden. Bei der Überlagerung der blauen, der gelben und der grünen transparenten Formen ergeben sich **4 verschiedene Teilmengen**, die sich durch unterschiedliche Abstufungen des Grüns unterscheiden (s. Abbildung rechts).

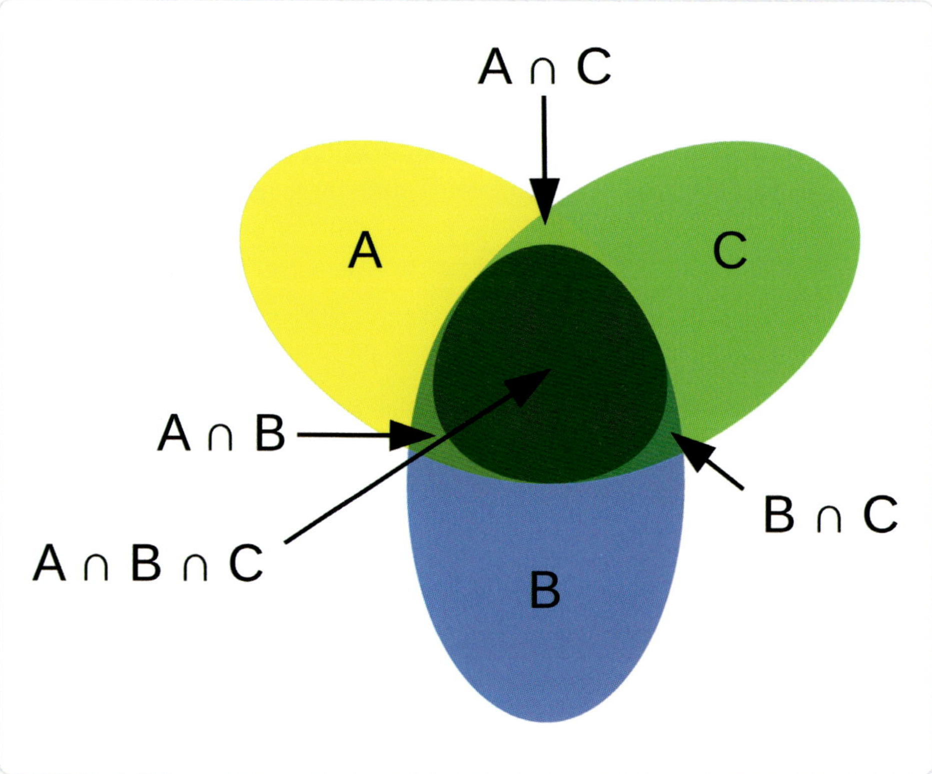

Form-Schablonen

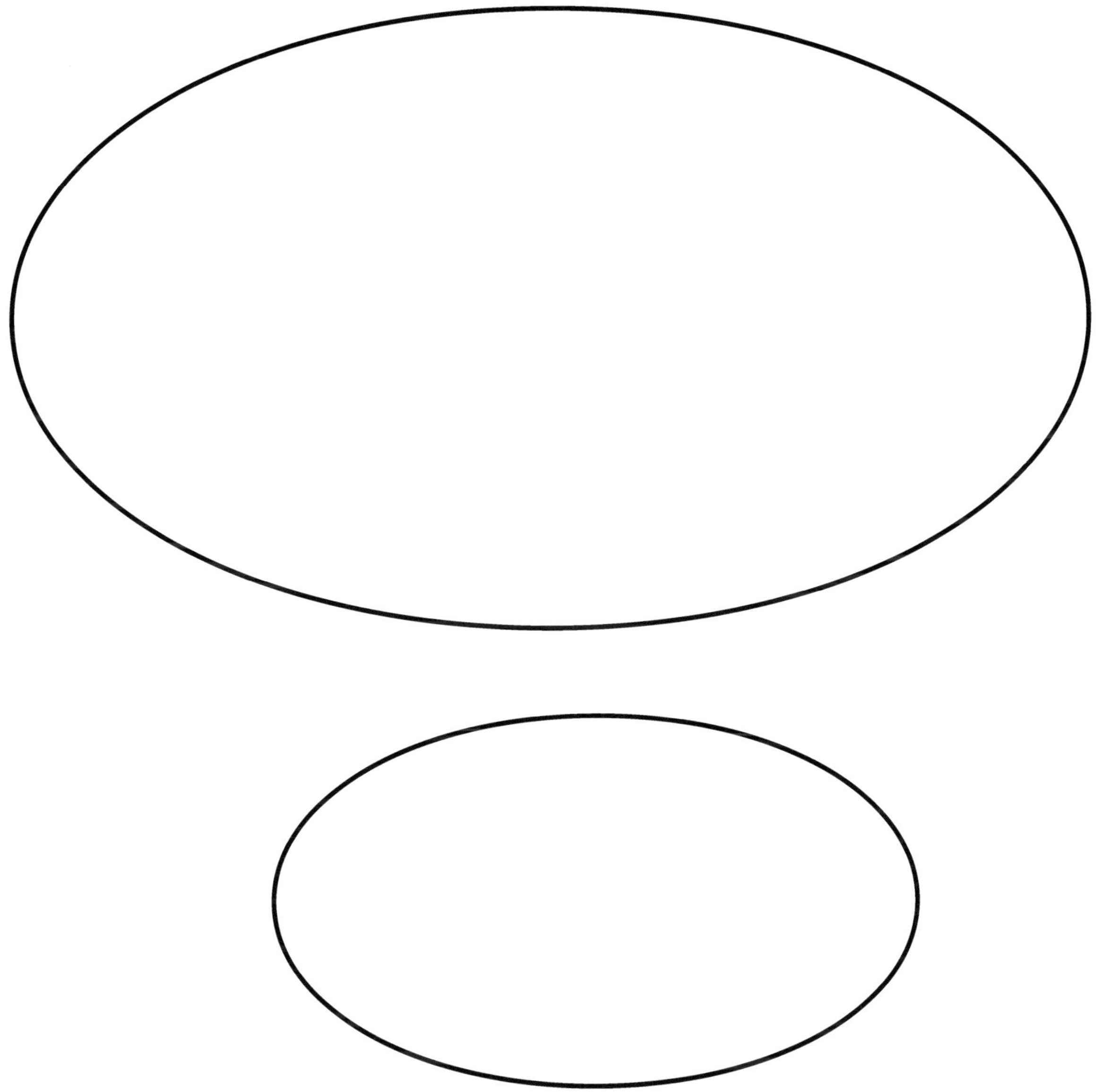

Mengenbeziehungen – Malen nach Buchstaben

WORUM GEHT'S?

Als Übung zu den Mengenbeziehungen kann das Prinzip „Malen nach Zahlen“ abgewandelt werden in (von Ihnen oder den Schülern) selbst kreierten **Schnittmengen-Ausmalbildern**. Die Schüler malen darin Formen aus, und zwar nach Vorgaben, die sich durch die Mengenbeziehungen ergeben. Wenn die Schüler die Mengenbeziehungen bereits kennen, hilft ihnen diese Ausmalübung, das Gelernte auszuprobieren und zu verfestigen.

FÜR WEN?

Klassenstufe 5

Einzel- oder Partnerarbeit

WAS BRAUCHT MAN?

für jeden Schüler bzw. für jede Kleingruppe:

→ 1 Ausmalbild, z. B. die Kopiervorlage von S. 57

→ Buntstifte in verschiedenen Farben

WIE VIEL ZEIT BRAUCHT MAN?

Vorbereitung: ca. 10 min

Durchführung: 15–20 min

Was ist vorher zu tun?

Erstellen Sie Ausmalbilder in ausreichender Menge – ein Exemplar pro Schüler oder Kleingruppe. Ein Beispiel bietet die Kopiervorlage „Malen nach Buchstaben“ (S. 57). Zur Übung der Mengenbeziehungen ist es günstig, mehrere verschiedene Ausmalbilder vorzubereiten – hier sind Ihrer Fantasie keine Grenzen gesetzt.

Jetzt geht's los

Verteilen Sie die Ausmalvorlagen an die Schüler. Nun machen Sie Vorgaben, wie die Felder ausgemalt werden sollen. Für die Kopiervorlage könnten Sie beispielsweise folgende Ausmalvorgabe machen:

A = gelb,
B = blau,
C = rot,
$A \cap B$ = grün,
$B \cap C$ = lila,
$A \cap C$ = orange.

Malen nach Buchstaben

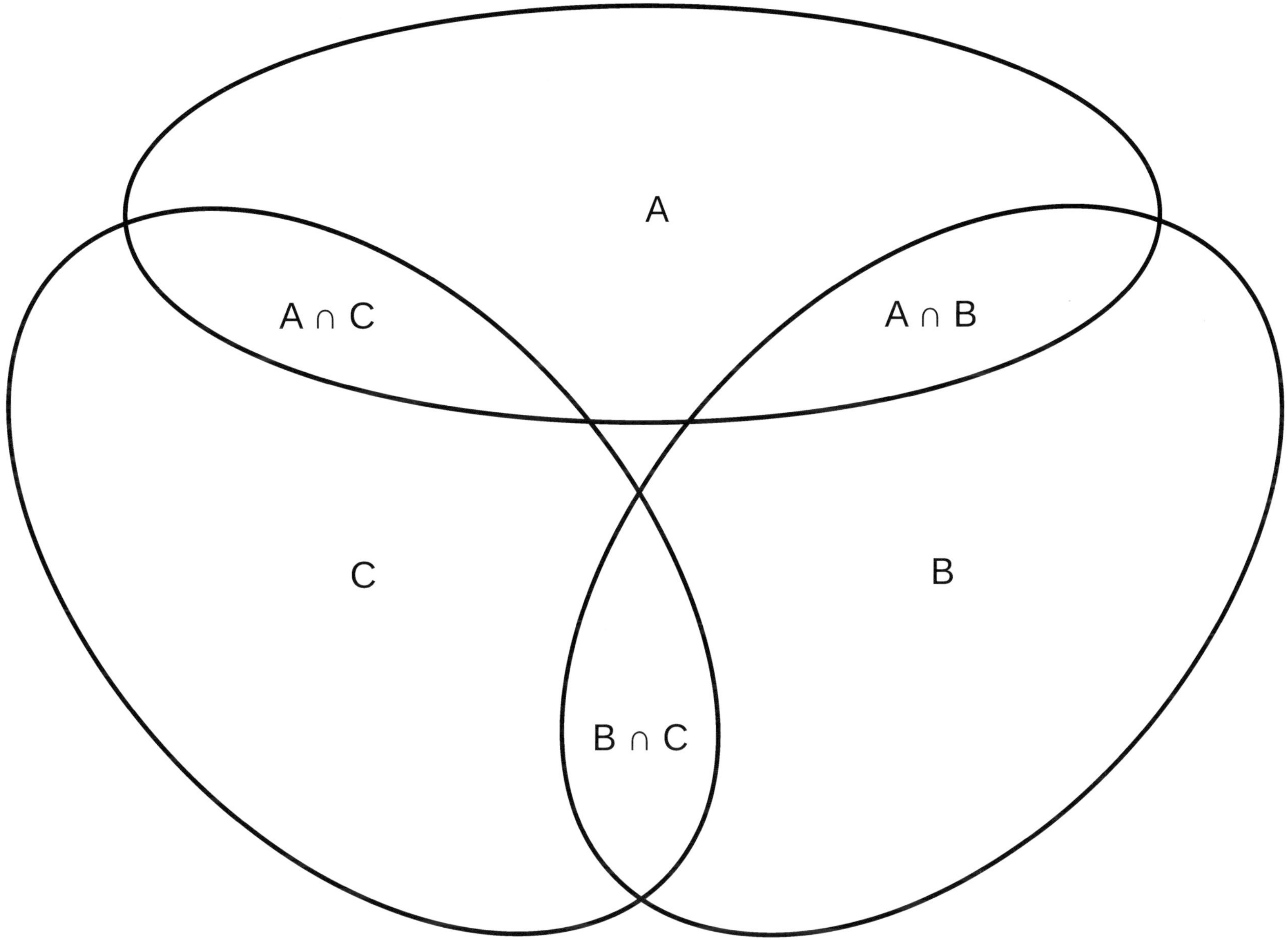

Runden leicht gemacht – Wohin kippt die Wippe?

WORUM GEHT'S?

Unter Zuhilfenahme der Schwerkraft werden die Regeln des Rundens in zwei aufeinander aufbauenden Experimenten selbst erarbeitet und geübt. Auch die Sonderregelungen zum **Runden bei der 5** werden thematisiert.

FÜR WEN?

Klassenstufe 5

Vorführexperiment oder Kleingruppenarbeit (max. 4 Schüler)

WAS BRAUCHT MAN?

einmal für ein Vorführexperiment bzw. für jede Kleingruppe:

- 1 Wippleiste (z. B. Holzleiste mit rechteckigem Querschnitt), mind. 20–30 cm lang und mind. 2 cm breit
- 1 Stift und 1 Lineal zum Einzeichnen der Skala
- ggf. 2 kleine Klebezettel oder Haftmarker
- Knete oder Knetgummi
- 1 Drehachse (z. B. 1 Bleistift o. Ä.)
- 1 Gewicht (z. B. Radiergummi oder Holzklotz, je nach Größe der Wippleiste)

für jede Kleingruppe:

- 1 Stift
- 1 Zettel

WIE VIEL ZEIT BRAUCHT MAN?

Vorbereitung: 5–10 min

Durchführung: 45–60 min

Was ist vorher zu tun?

VORFÜHREXPERIMENT

Erstellen Sie mit den Materialien folgenden Versuchsaufbau und positionieren Sie ihn auf einer ebenen, für die ganze Klasse gut einsehbaren Fläche.

Die **Wippleiste** wird mit einem Stift an ihrer Unterseite genau in der Mitte markiert. Auf der Oberseite wird die Leiste in 10 gleich lange Abschnitte unterteilt. Diese werden mit Strichen abgegrenzt und die Striche mit den Ziffern „1" bis „9" beschriftet.

Die „5" sollte genau oberhalb von der Stelle stehen, an der die Mitte angezeichnet ist. Es bietet sich an, die Striche auch an den Seiten der Leiste weiterzuziehen, damit die Einteilung auch von vorn – also von den Schülern aus – gut zu sehen ist. Die Zahlen „0" und „10" werden entweder an die Enden der Leiste geschrieben oder später auf der Arbeitsfläche mit kleinen Notizzetteln o. Ä. markiert.

Genau auf die untere mittige Markierung an der Unterseite der Leiste wird nun eine kleine **Rolle aus Knetmasse** gedrückt und dort hinein, quer zur Leiste, die Drehachse. Die Konstruktion wird auf eine ebene Fläche gelegt und die Drehachse eventuell noch etwas ausgerichtet, damit möglichst beide Enden der Wippleiste in der Luft schweben und die Leiste waagerecht steht.

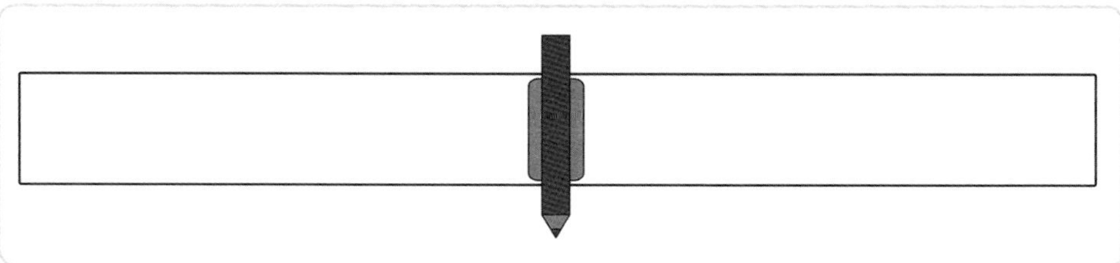

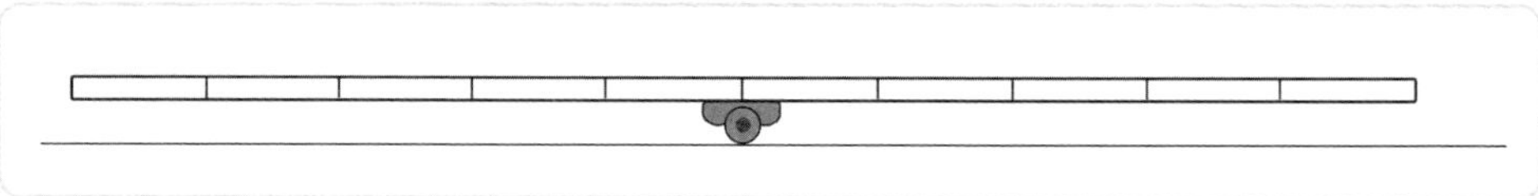

Runden leicht gemacht – Wohin kippt die Wippe?

EXPERIMENT IN KLEINGRUPPEN

Legen Sie das Material für die entsprechende Gruppenanzahl bereit bzw. informieren Sie die Schüler in der Stunde vorher darüber, welche Materialien sie mitbringen müssen.

TIPP

Testen Sie in beiden Fällen vorab die Durchführung des Experiments mit den Materialien, die genutzt werden sollen, um sicherzugehen, dass das gewählte Gewicht ausreichend ist und Wippe oder Drehachse nicht wegrollen.

Jetzt geht's los

Wenn Sie das Experiment in **Kleingruppen** durchführen, lassen Sie die Schüler aus den bereitgelegten Materialien nach Ihrer Anleitung zunächst den Versuchsaufbau erstellen.

DIE LEISTE ZUM KIPPEN BRINGEN

Das **Gewicht** wird nacheinander an verschiedenen Markierungen auf die Leiste gelegt. Dabei kann es nach und nach von einer Seite zur anderen verschoben oder auf jede Markierung direkt gelegt werden. Die Schüler beobachten dabei, wann die Leiste mit dem Ende „0" und wann sie mit dem Ende „10" auf der Arbeitsfläche aufliegt. Sie können dafür auch eine kleine Beobachtungstabelle erstellen und ausfüllen:

Gewicht liegt auf	1	2	3	4	5	6	7	8	9
Leiste kippt zur „0"									
Leiste kippt zur „10"									

RUNDEN BEI 1–4 UND BEI 6–9

Nach einigen Versuchsrunden und dem Vergleich der Ergebnisse mehrerer Schüler (-gruppen) wird zusammen im Plenum eine erste **Regel für das Runden** aufgestellt und an der Tafel notiert, z. B.:

- Bei den Zahlen 1 bis 4 wird stets abgerundet auf 0.
- Bei den Zahlen 6 bis 9 wird stets aufgerundet auf 10.

Fragen Sie die Schüler, ob es auch einen Vorschlag zu einer Regel beim Runden mit der 5 gibt.

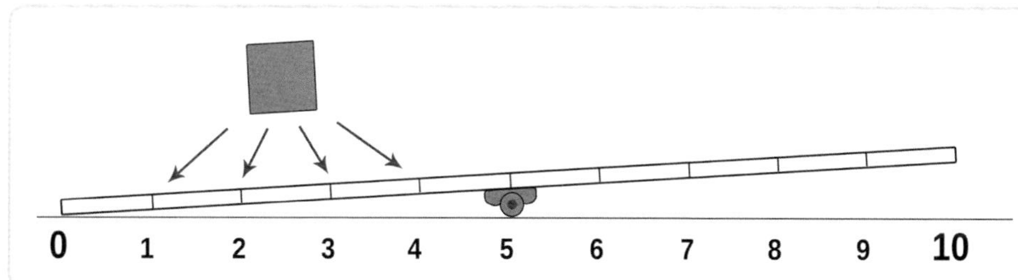

© Rica Bünning

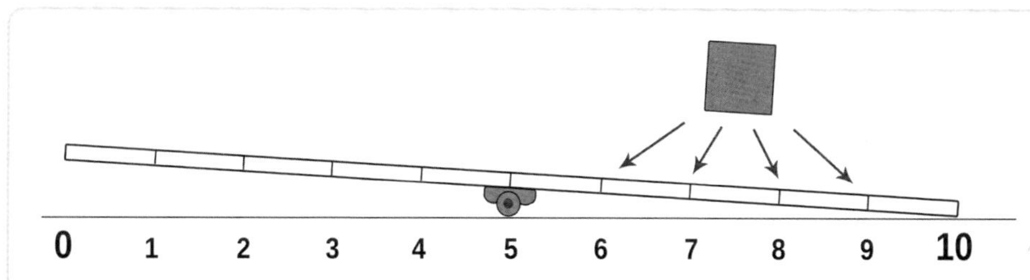

© Rica Bünning

Runden leicht gemacht – Wohin kippt die Wippe?

RUNDEN BEI DER 5 – DIE UNENTSCHLOSSENE WIPPLEISTE

Bei der „5“ kann es abhängig von der Genauigkeit des Versuchsaufbaus und dem Fingerspitzengefühl zu verschiedenen Ergebnissen kommen. Im besten Fall neigt sich die Wippleiste weder auf die eine noch auf die andere Seite. Sowohl dieser Fall als auch ein Kippen mal zur „0“ und mal zur „10“ können als Anstoß für ein weiteres Experiment zum Runden bei der 5 genutzt werden.

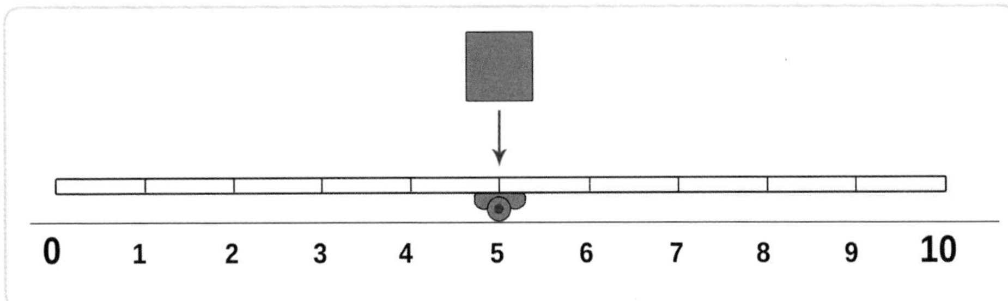

RUNDEN BEI DER 5 – KAUFMÄNNISCHES RUNDEN

Die gebräuchlichste Variante beim Runden bei der „5“ ist das kaufmännische Runden, bei welchem bei **1–4 abgerundet** und bei **5–9 aufgerundet** wird. Dies kann mit einer kleinen Abwandlung des Experimentes schnell deutlich gemacht werden.

Im Versuchsaufbau wird bei der Wippleiste der Auflagepunkt an der Unterseite leicht verändert, indem die kleine Knetrolle samt Drehachse ein Stück verschoben wird, bis sie **mittig zwischen der 4 und der 5** sitzt.
Die erste Beobachtung können die Schüler schon machen, bevor das Gewicht zum Einsatz kommt: Auch ohne Gewicht schwebt das Leistenende bei der „0“ nun in der Luft und das Ende bei der „10“ liegt auf.

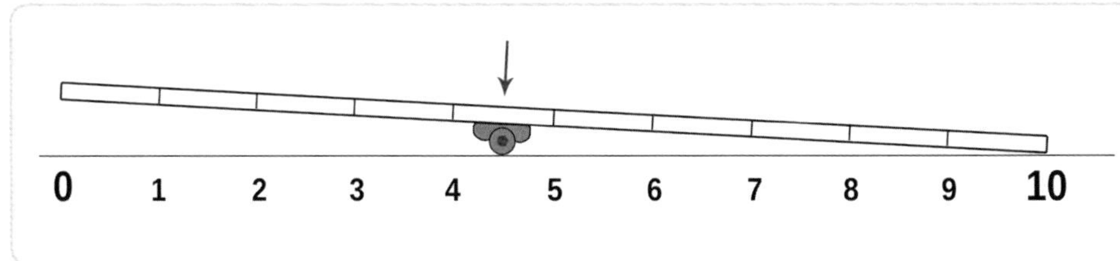

Nun kommt das **Gewicht** zum Einsatz und wird wieder an unterschiedlichen Stellen auf der Leiste platziert. Hierbei können die Schüler ihre Beobachtungen wieder in einer Tabelle festhalten (s. S. 59.). Manchmal reicht es aber auch schon, mit den Schülern zu diskutieren, wie sich die Wippe nun verhalten wird, wenn das Gewicht aufgelegt wird.

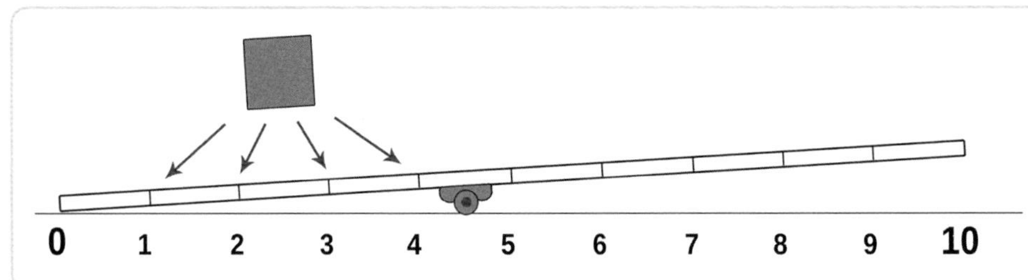

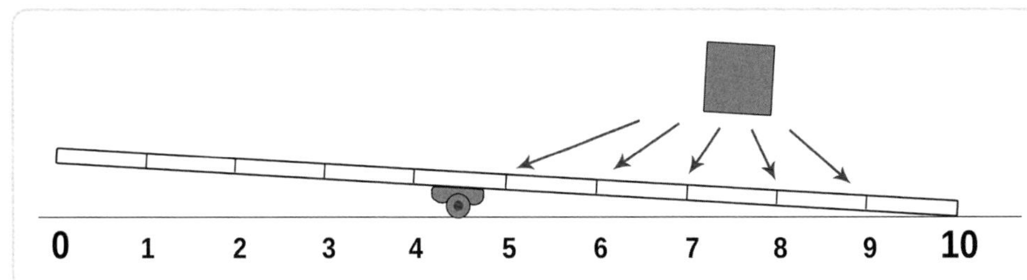

Runden leicht gemacht – Wohin kippt die Wippe?

Am Ende bleibt jedoch die Frage: *Warum wird bei der „5" aufgerundet und nicht abgerundet?* Dieser Frage können Sie mit dem folgenden Experiment „Runden leicht gemacht – Wer verdient mehr?" auf den Grund gehen, welches jedoch auch für sich allein durchführbar ist.

VARIANTE

Dieses Experiment kann auch im Großformat mit viel Spaß verbunden sein, wenn es mit einem langen Brett oder einer gut ausbalancierten **Wippe** und einer Person als Gewicht durchgeführt wird. So können der „Kippmoment" beim Runden und die Sonderstellung der „5" sogar körperlich erfahren werden.

Bei einem Brett ist aus **Sicherheitsgründen** darauf zu achten, dass es stabil und nicht rutschig ist und die Trittfläche breit genug, um mit beiden Füßen sicher darauf zu stehen. Die Drehachse muss dabei so gewählt werden, dass das Brett möglichst tief über dem Boden liegt und weder die Drehachse auf dem Boden noch das Wippbrett auf der Drehachse hin- und herrollt oder -rutscht. Manchmal gibt es auch geeignetes Material für solche großen Wippen in der Sporthalle. Der sicherste Stand für die Person auf dem Brett ist leicht breitbeinig mit Blickrichtung „senkrecht" zum Brett. Eine zweite Person kann bei Unsicherheiten Halt geben.

Runden leicht gemacht – Wer verdient mehr?

WORUM GEHT'S?

Die **kaufmännische Rundungsregel** („bis 4 abrunden, ab 5 aufrunden") wird genauer untersucht. Es gilt herauszufinden, ob bei einem Handel zwischen einem Verkäufer und einem Käufer einer von beiden das bessere Geschäft macht, wenn bei der 5 generell aufgerundet wird.

FÜR WEN?

Klassenstufe 5
Partner- oder Kleingruppenarbeit (max. 3 Schüler)

WAS BRAUCHT MAN?

→ 1 DIN-A4-Blatt

WIE VIEL ZEIT BRAUCHT MAN?

Vorbereitung: ca. 15 min
Durchführung: ca. 30 min

Was ist vorher zu tun?

Notieren Sie auf dem Blatt Papier eine Preisliste mit 20 Preisen von 10 Cent, 11 Cent, 12 Cent, 13 Cent ... bis 29 Cent. Erweitern Sie die Liste zu einer Tabelle mit 3 weiteren Spalten. Kopieren Sie die Tabelle anschließend für jede Schülergruppe einmal.

Jetzt geht's los

Die Klasse teilt sich 2er- oder 3er-Teams auf. Pro Team spielt ein Schüler den **Verkäufer**, die anderen Schüler des Teams sind **Kunden**. Jedes Team erhält eine Preistabelle.
Die Kunden kaufen nun beim Verkäufer für jeden Preis je eine Ware. Die Preise werden jedoch **nach der kaufmännischen Rundungsregel auf die Zehner auf- oder abgerundet** (z. B. bezahlt der Kunde statt 12 Cent nur 10 Cent und statt 15 Cent zahlt er 20 Cent).
In ihren Preistabellen notieren die Teams neben dem Preis den Wert, den sie nach dem Runden tatsächlich gezahlt haben. In die dritte Spalte schreiben sie die Differenz zum Ursprungspreis. Hat der Kunde weniger bezahlt als den Ursprungspreis, schreiben sie in die letzte Spalte „K" für „Kunde", hat er mehr bezahlt, schreiben sie „V" für „Verkäufer".
Geben Sie nun folgende Fragestellung in den Raum: *Hat jemand das bessere Geschäft mit dem Runden gemacht? Falls ja, welche der beiden Seiten?*
Zur Beantwortung der Frage addieren die Schüler alle Zahlen mit einem „K" (= 20) und genauso alle mit einem „V" (= 30). Der Kunde hat bei einigen der durchgeführten Geschäfte durch das Runden also gespart (insgesamt 20 Cent), musste aber bei anderen Geschäften im Vergleich zum tatsächlichen Preis mehr bezahlen (insgesamt 30 Cent). Unterm Strich musste der Kunde also 10 Cent mehr bezahlen. Oder anders ausgedrückt: Der Verkäufer hat 10 Cent mehr eingenommen, als auf den Preisschildern stand.
Der Verkäufer hat also einen Vorteil durch diese Art des Rundens.

Runden leicht gemacht – Der Weg des Postboten

WORUM GEHT'S?

Die Rundungsregeln werden anhand eines Szenarios geübt, in dem ein Postbote den kürzesten Weg zur nächsten Toilette suchen muss.

FÜR WEN?

Klassenstufe 5

Einzelarbeit in der ganzen Klasse oder in Kleingruppen oder Paaren

WAS BRAUCHT MAN?

→ 1 DIN-A4-Blatt, am besten kariert

WIE VIEL ZEIT BRAUCHT MAN?

Vorbereitung: ca. 20 min (Die Vorlage ist dann wiederverwendbar.)

Durchführung: ca. 30 min

Was ist vorher zu tun?

Bereiten Sie ein Blatt vor, auf dem eine Reihe von 30 Häusern zu sehen ist, die der Reihe nach durchnummeriert sind. Die Häuser 10, 20 und 30 unterscheiden sich von den anderen (in der Form oder der Farbe) und werden neben der Hausnummer mit „WC" gekennzeichnet. Kopieren Sie dieses Blatt für jeden Schüler.

Jetzt geht's los

Erzählen Sie die Geschichte vom Postboten als **Einleitung**:

Ein Postbote verteilt Briefe und Päckchen in einer langen Straße, in der alle Häuser nebeneinander auf einer Straßenseite stehen. In dieser Straße gibt es auch spezielle Toilettenhäuschen. Jedes zehnte Haus ist eines davon und sie haben somit immer eine Hausnummer, die ein Vielfaches von 10 ist (also Nr. 10, Nr. 20 ...).

Der Postbote startet mit dem Verteilen der Briefe immer bei Haus Nummer 1 und geht dann zur nächstgrößeren Zahl weiter. Muss er während der Arbeit dringend auf die Toilette, geht er jedoch immer zu dem Häuschen, welches am dichtesten bei ihm steht. Ist er also gerade bei Haus Nr. 23, läuft er zurück zur Nr. 20. Hat er aber eben einen Brief bei Haus Nr. 27 eingeworfen, nimmt er den kürzeren Weg zur Nr. 30.

Steht unser Postbote bei Haus Nr. 25, so sind die Wege zur 20 und 30 genau gleich lang. Weil er clever ist, entscheidet er sich für die Richtung, in die er sowieso weitergehen würde – also zu Haus Nr. 30 – und wirft auf dem Weg dorthin noch schnell die Briefe in die Briefkästen von 26 bis 29 ein.

Nun geben Sie die Hausnummer vor, die die aktuelle Position des Postboten angibt. Die Schüler müssen nun das nächstgelegene Toilettenhäuschen herausfinden.

Ganze Zahlen – Würfelglück an der Zahlengeraden

WORUM GEHT'S?

Bei diesem Spiel wird die Zahlengerade zum Spielfeld und in einem kleinen Wettkampf mit Bewegung werden die ganzen Zahlen und deren **Addition und Subtraktion** quasi „nebenbei" eingeführt und geübt.

FÜR WEN?

Klassenstufe 5–6

Gruppenarbeit (beliebige Personenanzahl)

WAS BRAUCHT MAN?

- 1 Würfel (möglichst groß)
- Material zur Spielfeldmarkierung (z. B. Kreppklebeband, Kreide oder eine große Papierrolle und einen dicken Faserstift)

WIE VIEL ZEIT BRAUCHT MAN?

Vorbereitung: 5–10 min

Durchführung: ca. 5 min pro Spiel

Was ist vorher zu tun?

Je nachdem, welches Material und welche Örtlichkeiten Sie zur Verfügung haben, zeichnen oder kleben Sie das Spielfeld wie auf der Zeichnung auf den Boden.
Das Spiel kann auch gut auf dem Schulhof gespielt werden. Dabei können die Schüler sich an der Vorbereitung beteiligen.

TIPP

Wird das Spielfeld mit dicken Stiften auf eine stabile Papierrolle gezeichnet (z. B. Tapete), kann es mehrfach und an verschiedenen Orten wieder benutzt werden.

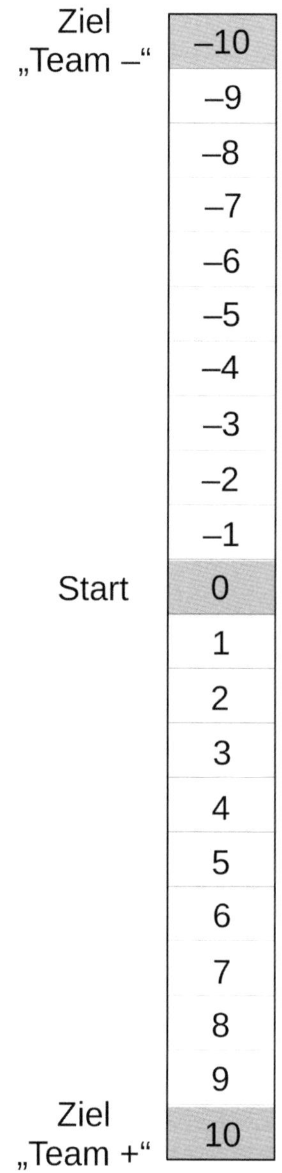

Ganze Zahlen – Würfelglück an der Zahlengeraden

Jetzt geht's los

Aus der Gruppe wird die **„Spielperson"** ausgewählt (in Analogie zu „Spielfigur"). Sie ist neutral, gehört also zu keinem Team. Die restliche Gruppe bildet 2 etwa gleich große Teams, welche gegeneinander spielen. Eine Gruppe gehört zur **positiven** Seite des Spielfeldes (z. B. „Team Plus"), die andere zur **negativen** Seite (z. B. „Team Minus"). Kreative Teamnamen verstärken den Spielspaß. Die Spielperson stellt sich auf die „Null" des Spielfeldes. Das Team, welches zuerst eine 6 würfelt, beginnt.
Würfelt „Team Plus", geht die Spielperson auf dem Spielfeld so viele Schritte in die positive Richtung der Zahlengeraden, wie der Würfel Augen anzeigt. Würfelt „Team Minus", geht die Spielperson eine den Würfelaugen entsprechende Schrittzahl in die negative Richtung.
Ziel der Teams ist es, dass die Spielperson das Feld mit der +10 bzw. der –10 erreicht oder darüber hinaus gelangt.
Das Spiel kann in **mehreren Runden** gespielt werden, bei dem die Teams Punkte für jeden Sieg aufschreiben. Die Spielperson kann hierbei ausgewechselt werden.

TIPP

Die Herausforderung steigt, wenn die Spielperson den Würfel nicht sieht und die Teams ihr immer nur das berechnete Zielfeld nennen dürfen. Das gegnerische Team kontrolliert die Rechnung. Ist sie falsch, bleibt die Spielperson, wo sie war.

VARIANTE

Dieses Spiel kann natürlich auch als kleinere **Tischvariante** mit 2 gegnerischen Spielern oder in kleinen Teams gespielt werden. Hierfür wird pro Tisch 1 Würfel, 1 Blatt Papier (kariert oder weiß), 1 Stift und etwas, das als Spielstein dient, benötigt. Das Spielfeld wird auf das Papier gezeichnet und los geht's!

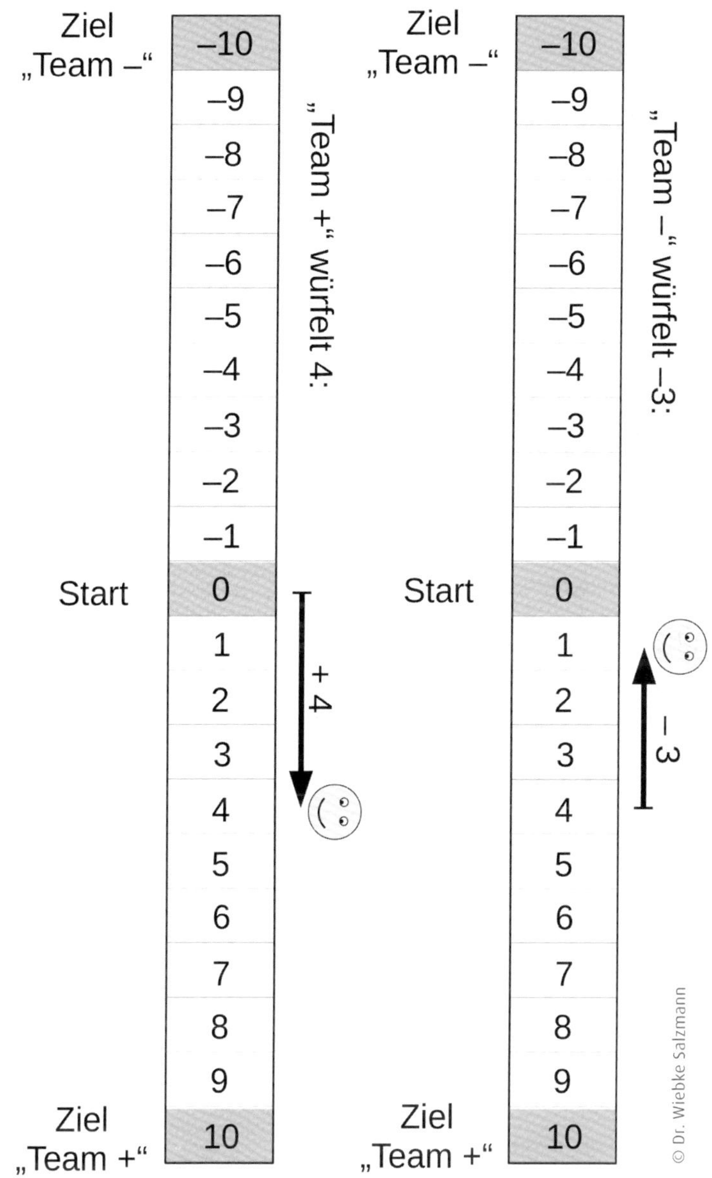

Ganze Zahlen – Würfelglück auf zwei Zahlengeraden

WORUM GEHT'S?

Bei diesem Spiel wird in Erweiterung des im letzten Kapitel beschriebenen Spiels das Koordinatensystem zum Spielfeld. In einem Wettkampf mit Bewegung werden die ganzen Zahlen und deren Addition und Subtraktion quasi „nebenbei" eingeführt und geübt.

FÜR WEN?

Klassenstufe 5–6
Gruppenarbeit (beliebige Personenanzahl)

WAS BRAUCHT MAN?

- 1 Würfel (möglichst groß)
- Material zur Spielfeldmarkierung (z. B. Kreppklebeband, Kreide oder eine große Papierrolle und einen dicken Faserstift)

WIE VIEL ZEIT BRAUCHT MAN?

Vorbereitung: 5–10 min
Durchführung: ca. 5 min pro Spiel

Was ist vorher zu tun?

Je nachdem, welches Material und welche Räumlichkeiten Sie zur Verfügung haben, zeichnen oder kleben Sie das Spielfeld wie auf der Zeichnung auf den Boden.

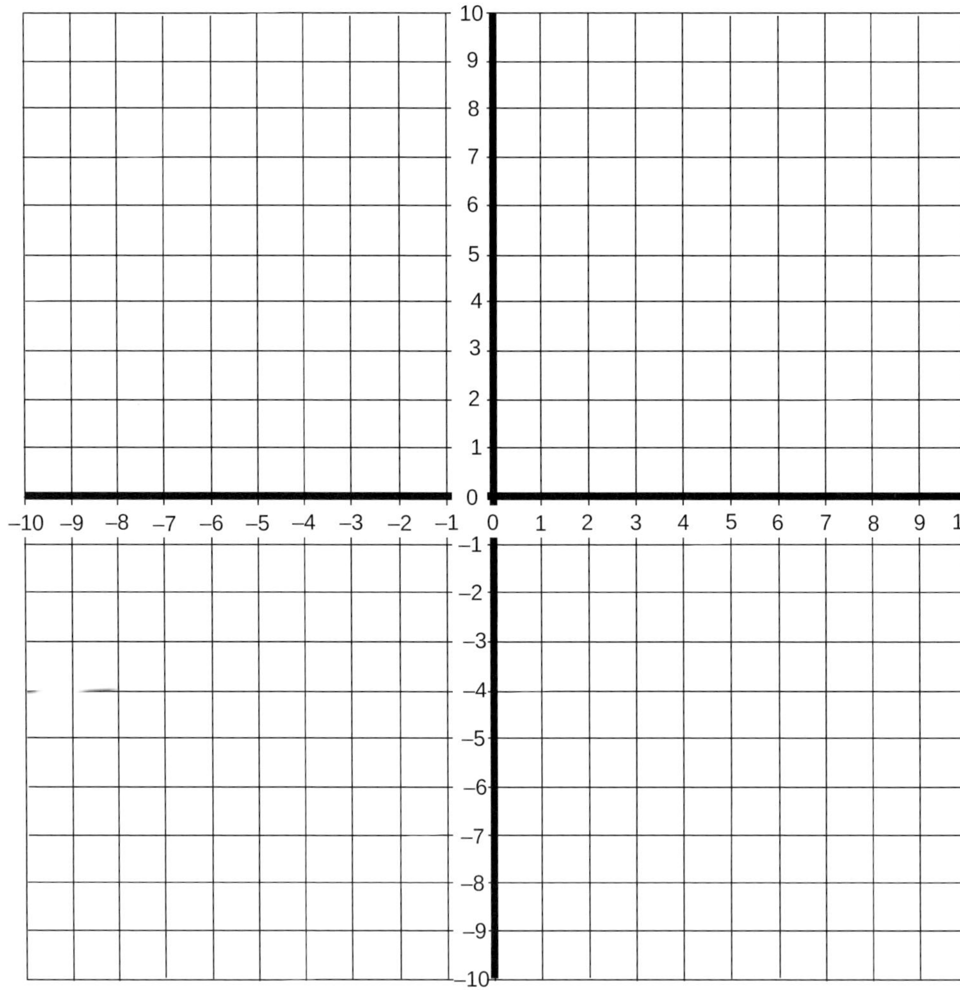

Ganze Zahlen – Würfelglück auf zwei Zahlengeraden

Jetzt geht's los

Aus der Gruppe wird die **„Spielperson"** ausgewählt (in Analogie zu „Spielfigur"). Sie ist neutral, gehört also zu keinem Team. Sie stellt sich auf den **Koordinatenursprung**.

Alle anderen teilen sich in 4 etwa gleich große gegnerische Teams auf. Eine Gruppe stellt sich an das positive Ende der x-Achse, eine an das negative. Die anderen beiden begeben sich an die beiden Enden der y-Achse.

Es gibt also die Teams:

→ „+x"
→ „–x"
→ „+y"
→ „–y"

Auch hier gilt wieder: Kreative Teamnamen verstärken den Spielspaß.

Es wird ausgewürfelt, welches Team beginnt, dann wird im Uhrzeigersinn gewürfelt. Die Spielperson bewegt sich nicht in den Feldern, sondern auf den **Schnittpunkten**.

Dasjenige Team hat gewonnen, auf dessen Achse und Seite die Spielperson zuerst auf der zugehörigen „10er-Linie" ankommt: Z. B. hätte beim Erreichen der Position x = 3; y = 10 das Team der positiven y-Achse gewonnen, beim Erreichen von x = –10; y = 2 das Team der negativen x-Achse.

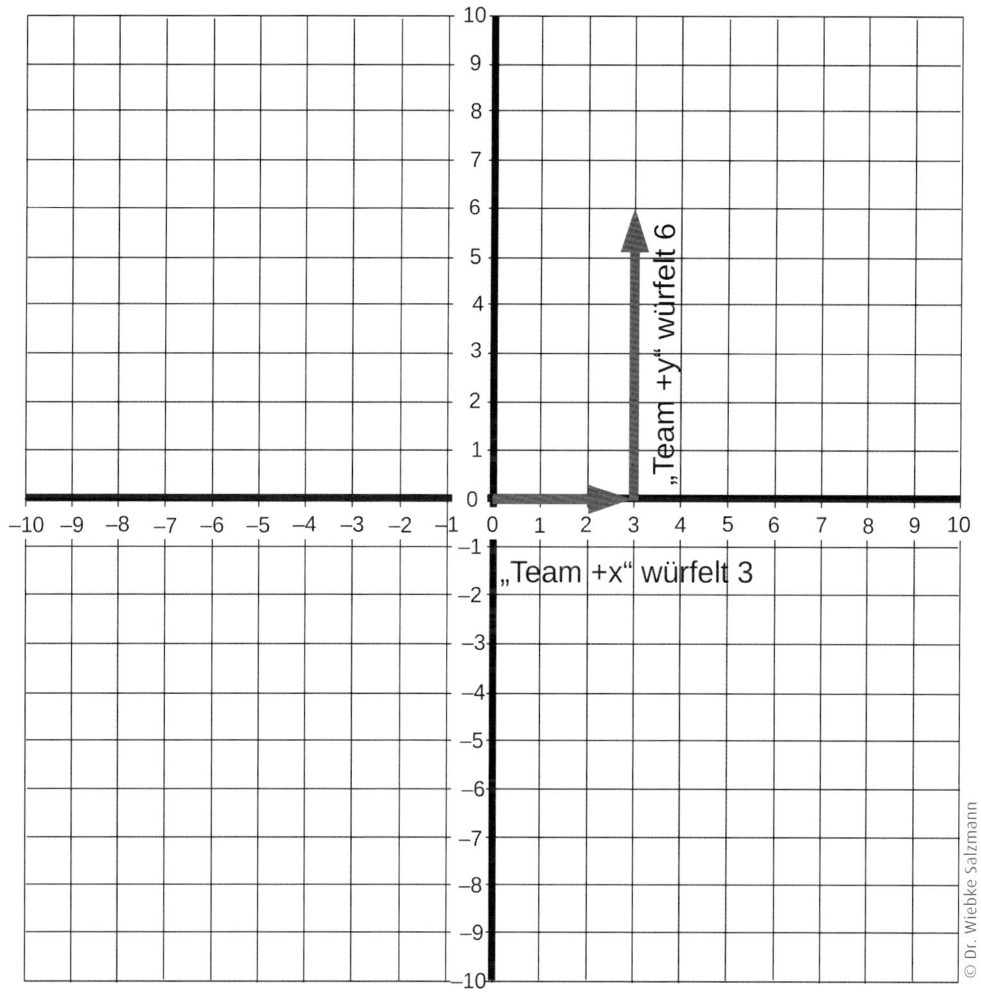

VARIANTE

Dieses Spiel kann auch als kleinere **Tischvariante** mit 4 gegnerischen Spielern oder in 4 kleinen Teams gespielt werden. Hierfür wird pro Tisch 1 Würfel, 1 Blatt Papier (kariert oder weiß), 1 Stift und 1 Spielstein benötigt. Das Spielfeld wird auf das Papier gezeichnet.

Brüche – Fair geteilt

WORUM GEHT'S?

Was ist ein Bruch und welche Grundeigenschaften hat er? Dieser Fragestellung wird hier auf recht leckere Weise nachgegangen:
Wenn man z. B. einen Kuchen fair teilen möchte, nimmt man die Anzahl der Personen, die etwas abbekommen sollen, und zerteilt den Kuchen in so viele **gleich große** Stücke, wie dieser Anzahl entsprechen.
So ist es auch mit Zahlen: Teilt man eine Zahl in **gleich große** Teile, so ist das Ergebnis ein **„Bruch"**.

FÜR WEN?

Klassenstufe 6
Kleingruppenarbeit (ca. 3–5 Personen)

WAS BRAUCHT MAN?

- 2 Tafeln Schokolade oder 2 Kuchen oder 2 Melonen o. Ä.
- evtl. 1 Messer

für jeden Schüler:

- Papier
- 1 Stift
- evtl. 1 Schere

WIE VIEL ZEIT BRAUCHT MAN?

Vorbereitung: ca. 5 min
Durchführung: ca. 20–30 min

Was ist vorher zu tun?

Bringen Sie etwas Leckeres für die Gruppe mit, das sich gut zerteilen lässt, z. B. Schokolade (oder Kuchen oder ...). ***Achtung: Sie benötigen davon 2 Exemplare.***

Jetzt geht's los

VORFÜHRUNG AM LEHRERPULT: VOM UNFAIREN ...

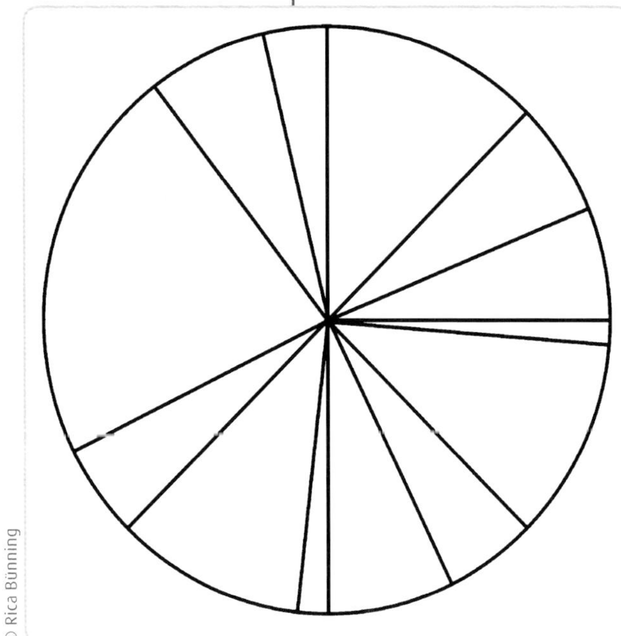

Teilen Sie das erste der mitgebrachten Dinge, z. B. den Kuchen, vor der Gruppe in so viele Stücke, wie es Gruppenmitglieder gibt – zählen Sie sich ruhig mit. Schneiden oder brechen Sie dabei einige der Stücke **eindeutig größer** ab als andere. Zeigen Sie den Schülern die Stücke und fragen Sie, ob und wie Sie diese nun unter allen möglichst gerecht aufteilen können.

... ZUM FAIREN

Der zweite Kuchen wird dann zusammen fair (d. h. in gleich große Stücke) zerteilt und kann bei Bedarf als Ansporn beim Lösen der nächsten Aufgaben dienen.

Brüche – Fair geteilt

EIN KUCHEN WIRD AUFGETEILT

Stellen Sie die Frage: *Wie teilt man 1 Kuchen so unter 8 Personen auf, dass alle gleich viel bekommen?*
An diesem Beispiel können der Begriff „ein Achtel" und die Bruchschreibweise eingeführt werden.

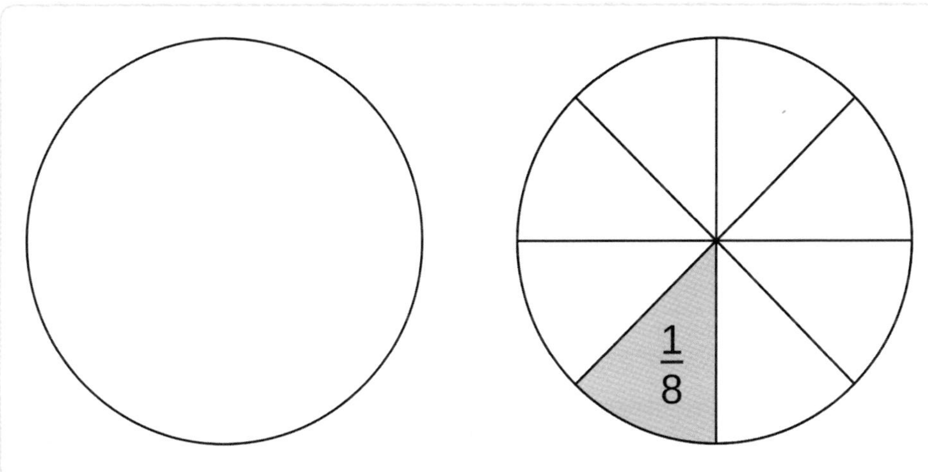

MEHRERE KUCHEN WERDEN AUFGETEILT

Wie teilt man 3 Kuchen so unter 8 Personen auf, dass alle gleich viel bekommen?
Am einfachsten ist es, von jedem Kuchen jeder der 8 Personen ein Stück zu geben. Es wird also jeder Kuchen in 8 gleich große Stücke aufgeteilt. Da alle diese Stücke gleich groß sind, könnte man genauso gut die 3 Stücke von 2 Kuchen oder von nur 1 Kuchen nehmen.

Entscheidend ist, dass jeder 3 Stücke bekommt, also 3 Achtel, denn ein Stück entspricht 1 Achtel. An dieser Stelle kann eingeführt werden, dass der Zähler des Bruches die Anzahl (Kuchen-)Stücke angibt und der Nenner die Anzahl (Personen), auf die (der Kuchen) verteilt werden soll.

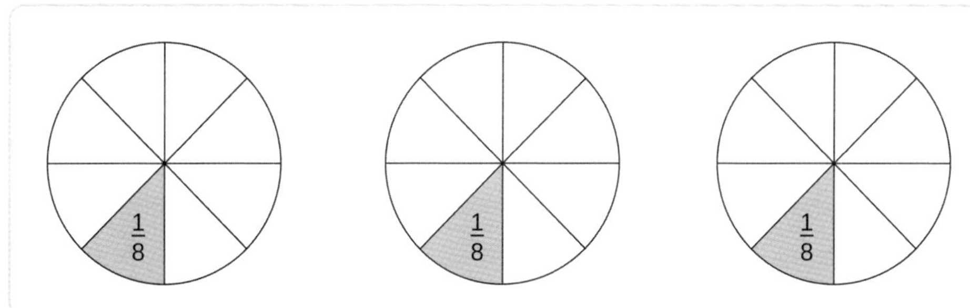

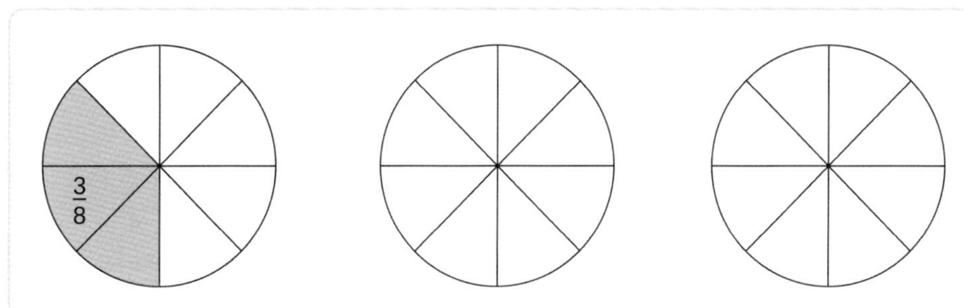

Prozent – Das Prozentimeter

WORUM GEHT'S?

Das Wort „Prozent" setzt sich zusammen aus „pro" und „cent" und bedeutet so viel wie „von Hundert" oder „Hundertstel". Man teilt ein Ganzes in 100 Teile ein, der Prozentsatz gibt dann die Anzahl Hundertstel an.
Ein **handelsübliches Lineal** verwandelt sich in dieser Übung schnell in ein „Prozente-Messgerät".

FÜR WEN?

Klassenstufe 6–7
Einzelarbeit

WAS BRAUCHT MAN?

→ 1 großes Tafellineal

für jeden Schüler:

→ 1 DIN-A4-Blatt
→ 1 Lineal
→ 1 dünner Stift
→ evtl. 1 Taschenrechner

WIE VIEL ZEIT BRAUCHT MAN?

Vorbereitung: ca. 5 min
Durchführung: 15–20 min

Was ist vorher zu tun?

Zeichnen Sie mit dem Tafellineal eine 1 m lange Skala mit Markierungen im Abstand von 10 cm an die Tafel und beschriften Sie diese in Zehnerschritten mit 0 bis 100 %.

Jetzt geht's los

PROZENTIMETER EINRICHTEN

Die Schüler zeichnen mit ihrem Lineal eine waagerechte 10 cm lange Linie mit Markierungen in Zentimeter-Abständen, also bei jedem vollen Zentimeter. Diese Markierungen werden von links beginnend mit 10 %, 20 % ... usw. beschriftet.
Das linke Linienende entspricht 0 %, das rechte 100 %.

PROZENTWERTE ERMITTELN

Eine beliebige Ausgangszahl (z. B. 144) wird an das rechte Linienende geschrieben. Diese Zahl entspricht also dem **Grundwert** (100 %).
Die Zahl wird nun durch „10" geteilt (= 14,4). Dies ist die Länge eines Abschnittes zwischen 2 Markierungen und entspricht somit dem **Prozentsatz** 10 %, der zugehörige **Prozentwert** ist im Beispiel 14,4. Dieser Prozentwert 14,4 wird in jeden der 10 Abschnitte geschrieben. Um nun den Prozentwert zu einem bestimmten Prozentsatz zu ermitteln (z. B. 30 % von 144), liest man ab, wie viele Abschnitte links von dieser Prozentmarkierung liegen (in diesem Fall: 3) und multipliziert dies mit dem im Abschnitt notierten Prozentwert (3 × 14,4 = 43,2).

Prozent – Das Prozentimeter

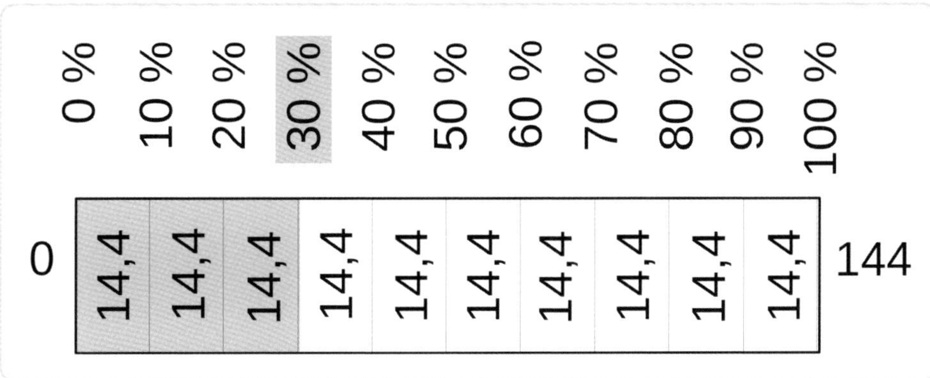

Geben Sie den Schülern Prozentsätze vor (in „ganzen Zehnern“) und lassen Sie sie die zugehörigen **Prozentwerte bestimmen**.

Nun können die Schüler gemeinsam überlegen, wie man mit dem „Prozentimeter“ auch Prozentwerte wie 45 % oder 78 % bestimmen kann (Dazu benötigt man die Millimeterskala des Lineals, da 1 mm dem Ausgangswert durch 100 entspricht, also 1 %.).

VARIANTE

Das „Prozentimeter“ kann auch genutzt werden, um die **Größe von Anteilen** von Gegenständen oder Personen in Prozent anzugeben.
Möchte man z. B. für eine Person angeben, wie viel Prozent ihrer Körpergröße der Abstand zwischen Fußsohle und Knie ausmacht, hält man in einiger Entfernung das Lineal senkrecht so vor sich, dass die Person von Kopf bis Fuß genau in den Abstand zwischen 0 cm und 10 cm passt. Dort, wo sich die Knie befinden, liest man dann den Prozentwert ab – z. B. 32 mm ≙ 32 %.

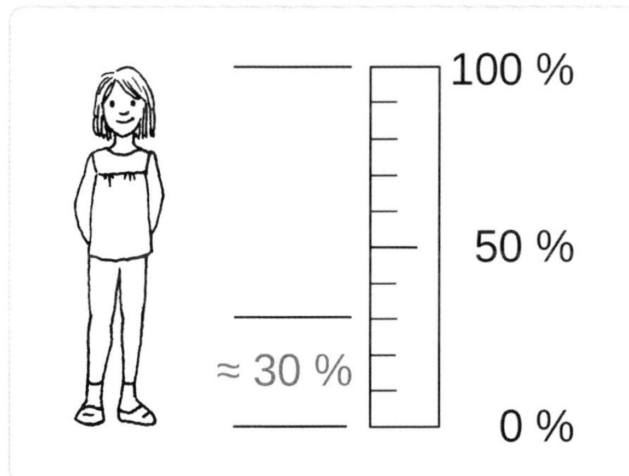

Prozent – Prozente-Domino

WORUM GEHT'S?

Prozentangaben können nicht nur in **Prozent**, sondern auch als **Bruch** oder **Dezimalzahl** dargestellt werden: In der Bruchdarstellung steht unter dem Bruchstrich eine 100. Beispielsweise entsprechen 50 Prozent 50/100 (= 1/2) oder 0,5. Beim „Prozente-Domino" üben die Schüler diese verschiedenen Schreibweisen von Prozentangaben.

FÜR WEN?

Klassenstufe 6–7
Kleingruppenarbeit (ca. 3–5 Schüler)

WAS BRAUCHT MAN?

für jede Kleingruppe:

- → 1 Set Dominosteine (Kopiervorlage S. 73)
- → 1 DIN-A4-Bogen Tonkarton in Weiß oder einer hellen Farbe
- → 1 Schere

WIE VIEL ZEIT BRAUCHT MAN?

Vorbereitung: ca. 5 min
Durchführung: ca. 10 min

Was ist vorher zu tun?

Kopieren Sie die Dominostein-Vorlage (S. 73) mehrere Male auf Tonkarton (eine Kopie pro Kleingruppe). Eine Kopie ergibt ein Spiel.

Jetzt geht's los

Die Schüler teilen sich auf in Kleingruppen. Jede Gruppe erhält eine Kopie der Dominosteine (Vorlage S. 73) und schneidet die **Prozentstäbchen** an den gestrichelten Linien auseinander.
Achtung: Nicht entlang der durchgezogenen Linien schneiden! Die Dominostäbchen enthalten auf ihren beiden Enden Darstellungen von Anteilen.

Die Stäbchen einer jeden Gruppe werden **gemischt** und alle Spieler der Gruppe ziehen mit geschlossenen Augen nacheinander jeweils ein Stäbchen, bis alle vergeben sind. Ziel der Spieler ist es, als Erster alle eigenen Stäbchen loszuwerden. Jeder legt nacheinander, wenn möglich, immer ein **passendes Stäbchen** an. Ein Stäbchen kann angelegt werden, wenn die aneinandergelegten Seiten zusammen „1" bzw. 100 % ergeben, unabhängig von der Darstellungsweise der Zahl.

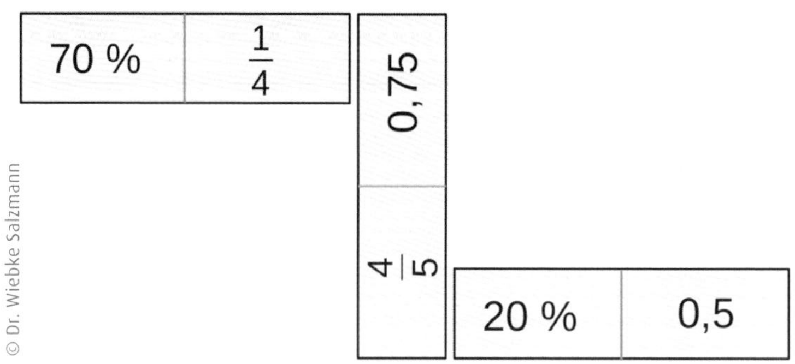

Dominosteine

10 %	0,3	$\frac{7}{10}$	0,25	0,8	$\frac{1}{10}$
$\frac{20}{100}$	0,1	50 %	$\frac{10}{100}$	$\frac{1}{5}$	$\frac{25}{100}$
0,7	$\frac{90}{100}$	$\frac{3}{10}$	$\frac{1}{2}$	70 %	$\frac{1}{4}$
75 %	$\frac{70}{100}$	$\frac{4}{5}$	0,75	0,5	20 %
$\frac{3}{4}$	0,9	25 %	$\frac{80}{100}$	80 %	$\frac{30}{100}$
$\frac{9}{10}$	30 %	0,2	90 %	$\frac{75}{100}$	$\frac{50}{100}$

Quadratzahlen – Steine in Reihen und Spalten

WORUM GEHT'S?

Mit diesen Experimenten erwerben die Schüler anschaulich ein Grundverständnis für Quadratzahlen, indem sie diese als quadratische Fläche darstellen.

FÜR WEN?

Klassenstufe 5–6
Kleingruppenarbeit (2–4 Schüler) oder Vorführexperiment

WAS BRAUCHT MAN?

für jede Kleingruppe:

- → ca. 25 gleich große quadratische Bausteine (z. B. von der Firma LEGO), Glasnuggets, Erbsen o. Ä.
- → kariertes Papier
- → 1 Stift

bzw. für ein Vorführexperiment:

- → ca. 64 gleich große quadratische Bausteine (z. B. von der Firma LEGO), Glasnuggets, Erbsen o. Ä.

WIE VIEL ZEIT BRAUCHT MAN?

Vorbereitung: ca. 5 min
Durchführung: 15–20 min

Was ist vorher zu tun?

Sollten Sie Steine der Firma LEGO verwenden wollen und selbst nicht genug davon zur Verfügung haben, fragen Sie die Schüler. Es wird sich sicher jemand finden, der seine LEGO-Steine mitbringt!

Jetzt geht's los

QUADRATZAHLEN ALS MULTIPLIKATION EINER ZAHL MIT SICH SELBST

Nach und nach werden mit den Steinen Quadrate aufgebaut. Da eine Quadratzahl das Produkt einer Zahl mit sich selbst ist, entsteht das erste Quadrat, indem man 1-mal 1 (1 × 1) Stein legt. Dieses Quadrat ist 1 Stein breit und 1 Stein hoch.

Im nächsten Schritt wird das Quadrat der 2 gelegt – 2-mal 2 (2 × 2) Steine müssen gelegt werden: 2 Reihen mit je 2 Steinen, insgesamt also 4 Steine. Dann folgen 3 Reihen mit je 3 Steinen (3 × 3 = 9) usw. Beginnend bei der „1", **wächst so das Quadrat** immer um eine Reihe in der Länge und eine Spalte in der Breite.

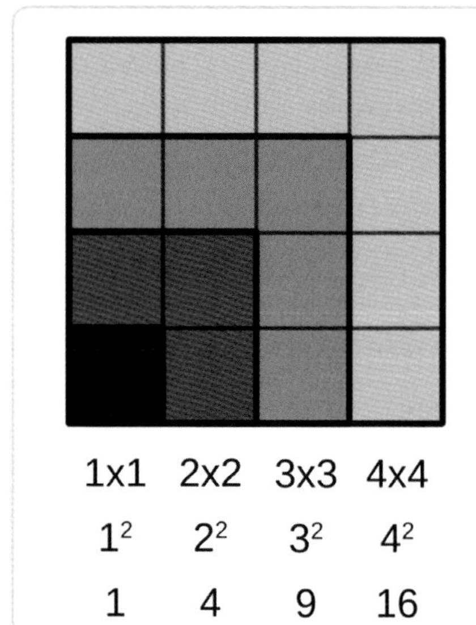

Wenn die Schüler die Quadrate mit rundlichen Gegenständen, wie Erbsen oder Glasnuggets, aufbauen, könnte es sinnvoll sein, diese in vorbereitete Felder auf **kariertem Papier** zu legen – damit auch beim ersten Stein schon ein Quadrat erscheint.

Quadratzahlen – Steine in Reihen und Spalten

Die gezeichneten Quadrate werden analog zu den mit Steinen gelegten schrittweise aufgebaut: Erst wird ein Quadrat der Seitenlänge 1 gezeichnet (z. B. 1 Kästchen oder 1 cm), dann werden mehrere dieser Einheitsquadrate so aneinandergezeichnet, dass sich die größeren Quadrate ergeben.

QUADRATZAHLEN DURCH ADDITION ERMITTELN

Eine mögliche Art, Quadratzahlen zu berechnen, ist folgende:
Um die Quadratzahl einer natürlichen Zahl „n" zu errechnen, addiert man die ersten „n" **ungeraden Zahlen**.

- ➔ Quadratzahl von 1 → Addieren der ersten ungeraden Zahl: **1 = 1**
- ➔ Quadratzahl von 2 → Addieren der ersten 2 ungeraden Zahlen: **1 + 3 = 4**
- ➔ Quadratzahl von 3 → Addieren der ersten 3 ungeraden Zahlen: **1 + 3 + 5 = 9**

usw.

Auf diese Weise können sich selbst Schüler, die Schwierigkeiten mit dem Multiplizieren haben, zunächst eigenständig die Quadratzahlen erarbeiten.

Dazu legen die Schüler wieder sukzessive Quadrate, beginnend mit dem Quadrat der 1 (1^2). Das nächste Quadrat (2^2) erhält man, indem man 3 weitere Steine dazulegt (d. h. addiert), das Quadrat der 3 ergibt sich mit 5 weiteren Steinen usw.

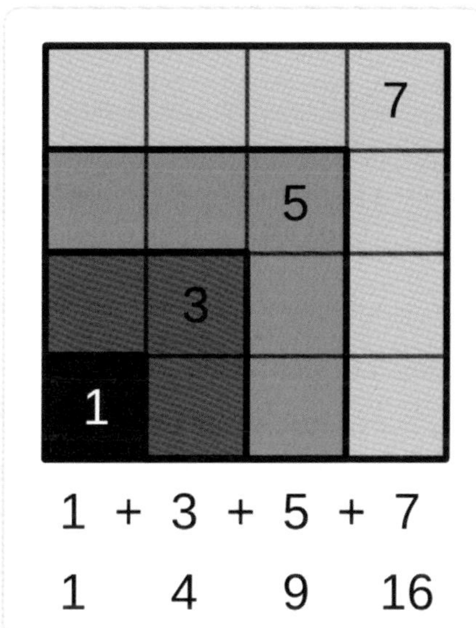

© Rica Bünning

VARIANTE

Sie können auch Rechtecke legen – diese müssen dann für die ganze Klasse gut zu sehen sein, z. B. mit Haftmagneten an einer magnetischen Tafel. Die Schüler müssen dann entscheiden, ob es sich um Quadrate handelt oder nicht, d. h., sie müssen abzählen, ob Länge und Breite des Rechtecks gleich viele Steine aufweisen (gleich lang sind).

Potenzen – Copy and Paste

WORUM GEHT'S?

Eine Potenz ist eine verkürzte Schreibweise dafür, dass ein Faktor mehrfach mit sich selbst multipliziert wird. Dies wird in diesem Experiment anschaulich dargestellt.

FÜR WEN?

Klassenstufe 5–6
Einzel- oder Kleingruppenarbeit (2–4 Schüler)

WAS BRAUCHT MAN?

für jeden Schüler bzw. jede Kleingruppe:

→ ca. 25 gleich große würfelförmige (Klemm-)Bausteine, z. B. von LEGO

WIE VIEL ZEIT BRAUCHT MAN?

Vorbereitung: ca. 5 min
Durchführung: 15–20 min

Was ist vorher zu tun?

Stellen Sie sicher, dass genügend Steine für alle vorhanden sind.

Jetzt geht's los

Die Schüler legen nun mit ihren Steinen Flächen, die die Potenzen veranschaulichen, wie in den folgenden Beispielen.

DIE POTENZEN VON 2

2 Zählsteine werden nebeneinandergelegt:
$2 = 2^1$
Diese 2 Steine werden verdoppelt:
$2 \times 2 = 4 = 2^2$
Es empfiehlt sich eine Verdopplung in der Breite, dann kann der Bezug zum Quadrat hergestellt werden.

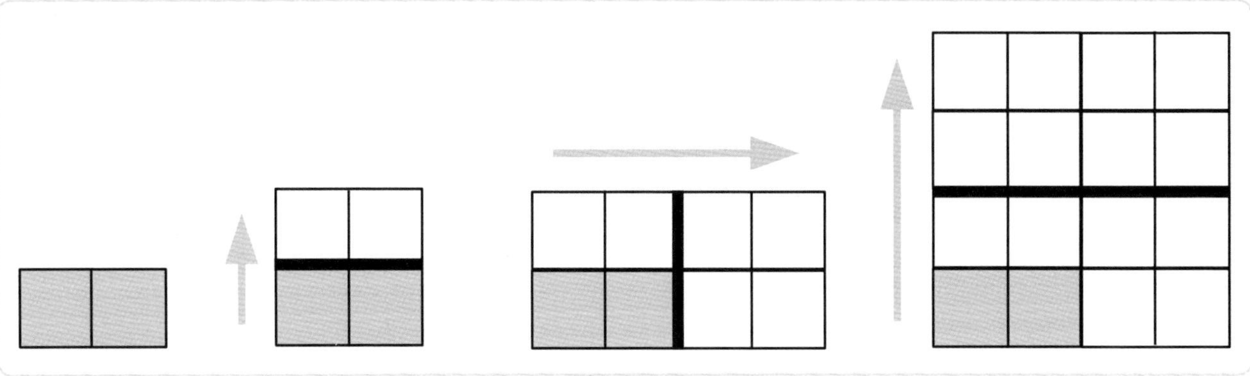

Diese 4 Steine werden wieder verdoppelt, diesmal in der Länge:
$2 \times 4 = 2 \times 2 \times 2 = 8 = 2^3$
Diese 8 Steine werden wieder in der Breite verdoppelt:
$2 \times 8 = 2 \times 2 \times 2 \times 2 = 16 = 2^4$
usw.

DIE POTENZEN VON 3

Dieses Prinzip kann natürlich für Potenzen anderer Zahlen analog angewendet werden – z. B. für die Potenzen von 3:

3 Zählsteine werden nebeneinander gelegt:
$3 = 3^1$
Diese 3 Steine werden in der Breite verdreifacht:
$3 \times 3 = 9 = 3^2$
Diese 9 Steine werden wieder in der Länge verdreifacht:
$3 \times 3 \times 3 = 27 = 3^3$
usw.

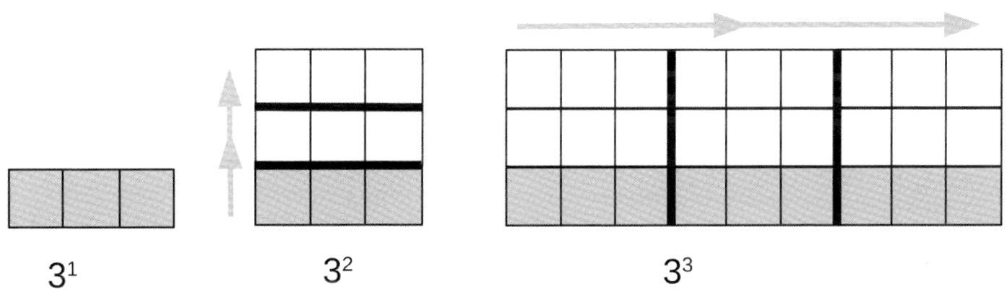

VARIANTE

Mithilfe von würfelförmigen (Klemm-)Bausteinen kann in diesem Versuch auch ein Bezug zu den Größen **Länge**, **Fläche**, **Volumen** und deren Maßeinheiten m, m^2 und m^3 hergestellt werden. Dazu werden z. B. erst 2 Steine nebeneinandergelegt, was einer Länge von 2 m entspräche. Dann werden die 2 Steine verdoppelt zum Quadrat, wodurch eine Fläche von 2^2 m^2 veranschaulicht wird. Schließlich verdeutlicht das **Über**einandersetzen von 2 solcher Flächen (statt nebeneinander) einen Würfel mit dem Volumen von 2^3 m^3.

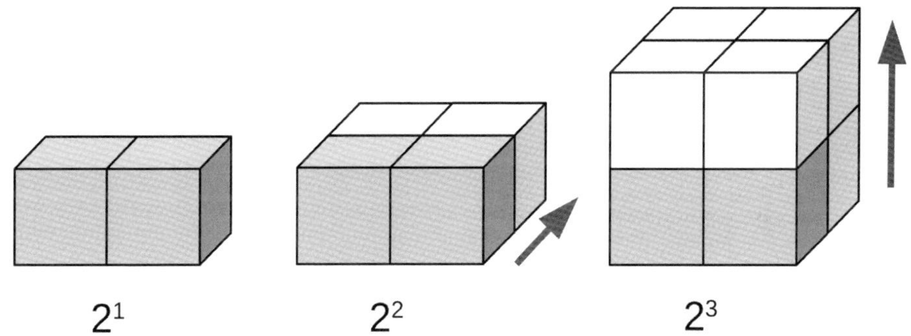

Wurzeln – Vollständige und unvollständige Quadrate

WORUM GEHT'S?

Das Wurzelziehen als Umkehrung des Potenzierens kann für die Quadratwurzel ebenfalls mit Zählsteinen anschaulich dargestellt werden: Es werden Quadrate gelegt, aus deren Seitenlänge die Wurzel bestimmt wird.

FÜR WEN?

Klassenstufe 5–6
Einzel- oder Kleingruppenarbeit (2–4 Schüler) oder Vorführexperiment

WAS BRAUCHT MAN?

für jeden Schüler bzw. jede Kleingruppe:

→ 16 Zählsteine (z. B. Glasnuggets oder Steine der Firma LEGO)

WIE VIEL ZEIT BRAUCHT MAN?

Vorbereitung: ca. 5 min
Durchführung: 15–20 min

Was ist vorher zu tun?

Stellen Sie sicher, dass genügend Steine für alle vorhanden sind.

Jetzt geht's los

Jeder Schüler bzw. jede Kleingruppe erhält 16 Zählsteine. Aus diesen Steinen legen sie zunächst ein **Quadrat** von 4 × 4 Steinen. Aus diesem sollen sie ermitteln, welche Zahl man mit sich selbst multiplizieren muss, um auf 16 zu kommen.
Vermutlich wissen die meisten Schüler die Antwort aus dem Kopf, aber sie finden sie auch als Seitenlänge des Quadrates (siehe Abbildung links).

WURZELN NÄHERUNGSWEISE BESTIMMEN

Auf die Art kann man auch näherungsweise die **Wurzel einer natürlichen Zahl, die keine Quadratzahl ist**, ermitteln:
Versucht man z. B. aus 13 Steinen ein Quadrat zu bilden, so bleibt der „vierte Rahmen" unvollständig (in der Abbildung rechts). Die Wurzel dieser Steinanzahl kann also keine natürliche Zahl sein. Man kann die Wurzel aber eingrenzen, indem man die Seitenlänge des letzten vollständigen Quadrates und des nächstgrößeren ermittelt:

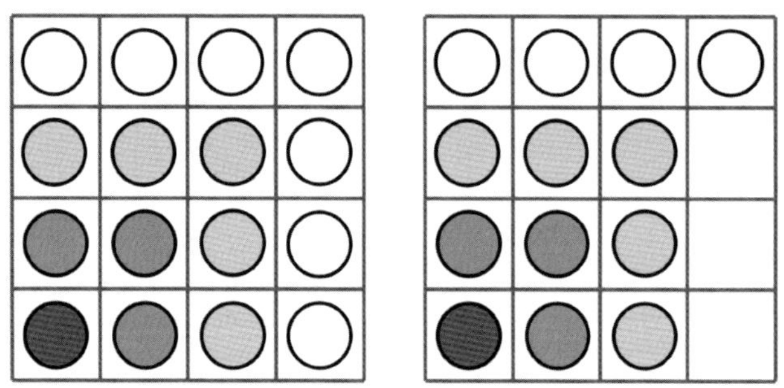

Das letzte vollständige Quadrat ist im Beispiel das Quadrat 3 × 3 mit 9 Steinen; das nächste vollständige Quadrat wäre das Quadrat 4 × 4, enthält also 16 Steine. Die Wurzel aus 13 liegt also zwischen der Wurzel aus 9 und der aus 16, also zwischen 3 und 4.

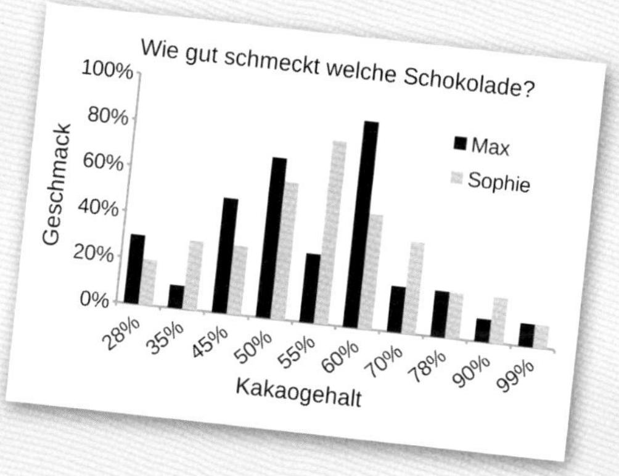

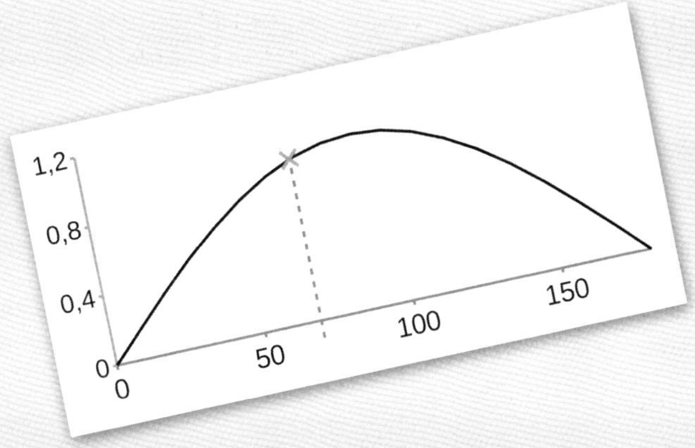

Gleichungen und Funktionen

Reise ins Unbekannte

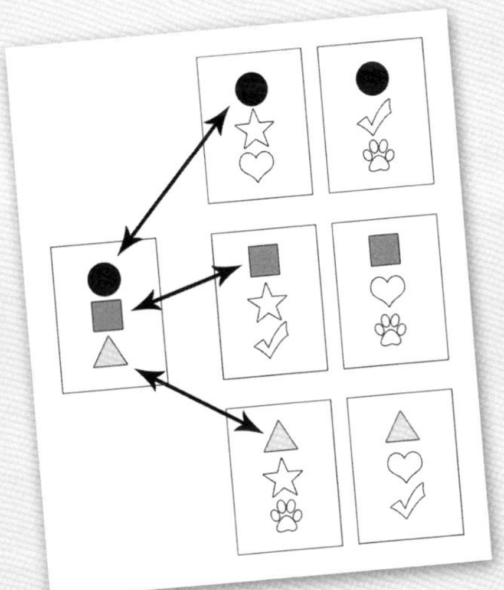

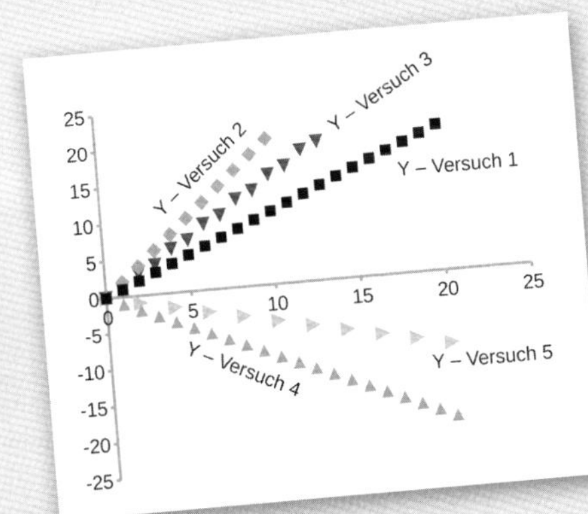

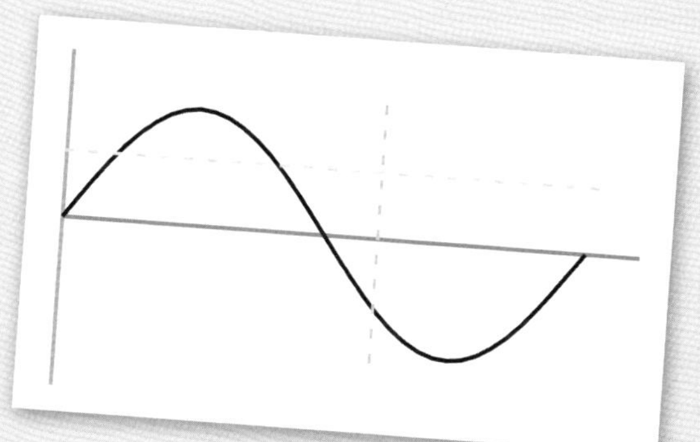

Gleichungen – Die Bügelwaage

WORUM GEHT'S?

Mit dieser kleinen Konstruktion einer Waage wird das in Gleichungen herrschende **„Gleichgewicht"** nicht nur logisch erfasst, sondern auch deutlich sichtbar gemacht, denn jede Änderung auf einer der Seiten beeinflusst sofort die Stellung der Waage. Die Waage bleibt nur im Gleichgewicht, wenn auf beiden Seiten „dasselbe passiert".

FÜR WEN?

Klassenstufe 5
Vorführexperiment

WAS BRAUCHT MAN?

für eine Waage:

- 1 Bügel (am besten einer mit extra Haken an den Seiten)
- 2 gleich große „Waagschalen", z. B. Quarkbecher
- mehrere gleich große Massen, z. B. Murmeln
- Schnur (ca. 1 m)
- 1 Stopfnadel
- 1 Schere

WIE VIEL ZEIT BRAUCHT MAN?

Vorbereitung: ca. 15–20 min zum Bau der Bügelwaage
(Die Waage ist anschließend wiederverwendbar.)
Durchführung: ca. 20–30 min

Was ist vorher zu tun?

Aus dem Bügel, der Schnur und den Waagschalen bauen Sie eine **Waage**. Dafür werden in die Schalen ca. 1 cm unterhalb des oberen Randes 2 Löcher gestochen, die sich gegenüberliegen müssen. Durch jedes Loch wird ein Stück Schnur gezogen und festgeknotet.

Die Waagschalen werden nun rechts und links mit der Schnur an den Bügel gehängt. Achten Sie darauf, dass die Schnüre auf beiden Seiten gleich lang sind und dass sich die „Bügelwaage" in ungefülltem Zustand in Waage befindet.

Hängen Sie die Bügelwaage nun auf. Dafür eignen sich z. B. Kleiderhaken, eine geöffnete Schranktür o. Ä. Es kann aber auch jemand die Waage während des Experimentes am Bügelhaken einfach festhalten.

TIPP

Testen Sie vorher den Aufbau mit den Materialien, die genutzt werden sollen, um sicherzugehen, dass die ausgewählten Massestücke ausreichen und die Waage funktioniert.

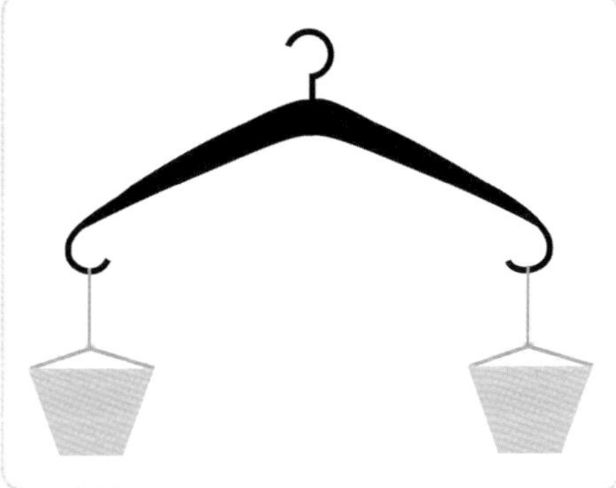

Gleichungen – Die Bügelwaage

Jetzt geht's los

In beide Waagschalen werden jetzt gleich viele (und gleich schwere) Massestücke gelegt, z. B. 3 Murmeln. Die Waagschalen hängen auf beiden Seiten gleich hoch: Die Waage ist im **Gleichgewicht**.
Übertragen auf **mathematische Gleichungen** bedeutet dies, dass auf beiden Seiten einer Gleichung dasselbe steht, dass also das Gleichheitszeichen zu Recht 2 Zahlen oder Terme verbindet: 3 = 3

ERHALTEN DES GLEICHGEWICHTS

Werden aus einer Schale nun 2 Murmeln entnommen, steigt diese Schale etwas nach oben, während die andere sinkt. Die Waage ist im **Ungleichgewicht**. Offensichtlich gilt also: 1 ≠ 3
Stellen Sie die Frage, was zu tun ist, damit das Gleichgewicht zwischen beiden Seiten erhalten bleibt bzw. wiederhergestellt wird.
Die Antwort ist natürlich, dass aus der anderen Waagschale ebenfalls 2 Murmeln entnommen werden müssen: 1 = 1

TIPP

Während Sie mit den Waagschalen arbeiten, können Sie parallel an der Tafel die Gleichung und deren Entwicklung mit notieren. So verbinden die Schüler gleich das Erlebte mit der abstrakten mathematischen Darstellung.

Probieren Sie mit den Schülern verschiedene Beispiele und verschiedene Rechenarten aus.

VARIANTE

Diese Übung kann auch draußen auf einer Wippe nachgespielt werden, z. B. mit ungefähr gleich schweren Schulrucksäcken der Kinder.

Achtung: Die Kinder selbst können auch die Massestücke sein, aber achten Sie dann bitte darauf, dass kein Kind sich wegen seines Körpers vorgeführt fühlt.

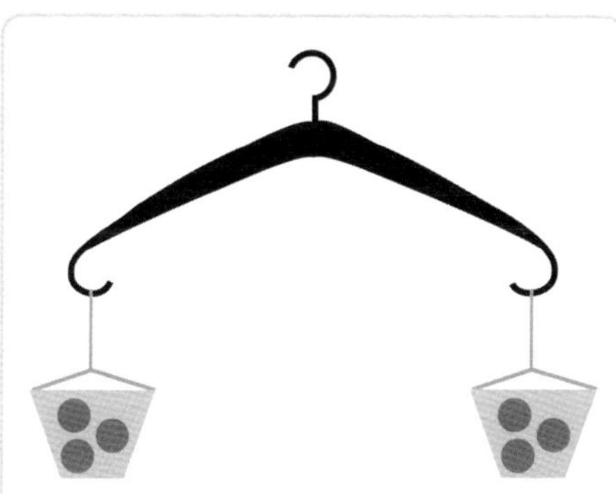

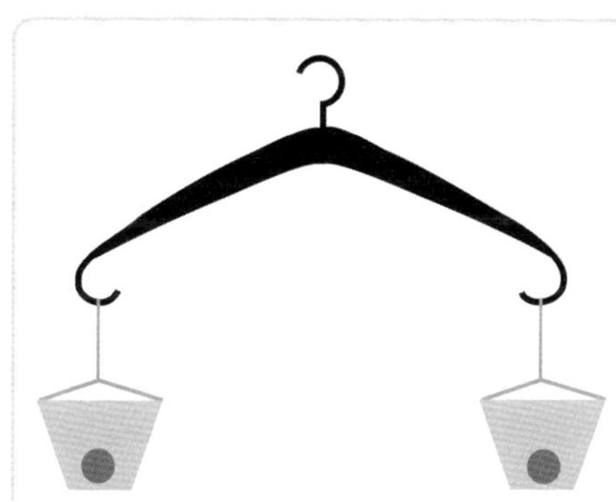

Ungleichungen - Die Bügelwaage

WORUM GEHT'S?

Wie reagieren Ungleichungen auf Veränderungen auf einer der beiden Seiten des Gleichheitszeichens? Was ist ein Verhältnis und wie hält man es bei Veränderungen aufrecht? Das Experiment bietet auch eine gute Überleitungsmöglichkeit zum Dreisatz.

FÜR WEN?

Klassenstufe 5
Vorführexperiment oder Kleingruppenarbeit (3-5 Schüler)

WAS BRAUCHT MAN?

für ein Vorführexperiment:

→ 1 Bügelwaage
(Material und Bauanleitung siehe „Gleichungen - Die Bügelwaage" [S. 80])

bzw. für jede Kleingruppe:

→ 1 Bügelwaage
→ mehrere gleich große Massestücke, z. B. Murmeln
→ 1 Bleistift und 1 Radiergummi oder Haftnotizzettel

WIE VIEL ZEIT BRAUCHT MAN?

Vorbereitung: 15-20 min zum Bau der Bügelwaage
(Die Waage ist anschließend wiederverwendbar.)
Durchführung: ca. 20-30 min

Was ist vorher zu tun

Bauen Sie die benötigte Anzahl Bügelwaagen (Anleitung siehe „Gleichungen - Die Bügelwaage" [S. 80]).

Am besten wird die Waage bei diesem Versuch so aufgehängt, dass die **Höhe** der Waagschalen und der **Neigungswinkel** des Bügels markiert werden können. Dies ist z. B. möglich, wenn die Waage an einem Kleiderhaken oder einer geöffneten Schranktür o. Ä. hängt. Bringen Sie vorher ein großes Blatt (z. B. Tapete) an der Wand oder der Schranktür an, auf dem Sie Markierungen vornehmen können.

TIPP

Testen Sie vorher den Aufbau mit den Materialien, die genutzt werden sollen, um sicherzugehen, dass die ausgewählten Massestücke ausreichen und die Waage funktioniert.

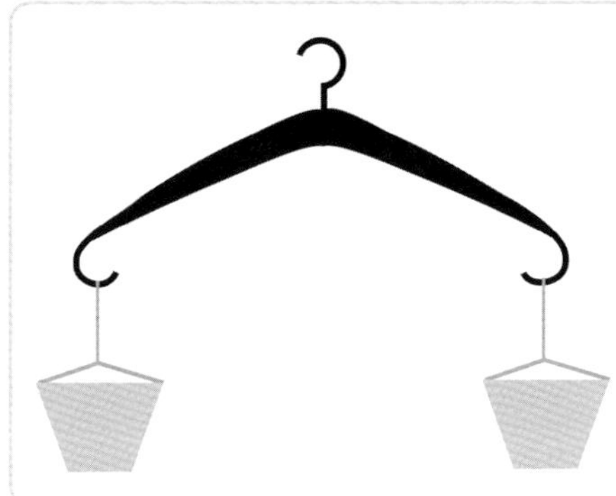

Ungleichungen – Die Bügelwaage

Jetzt geht's los

In die Waagschalen werden unterschiedlich viele (aber gleich schwere) Massestücke gelegt, z. B. 1 Murmel in die rechte, 3 Murmeln in die linke Waagschale. Die Schalen hängen auf beiden Seiten unterschiedlich hoch und der Bügel hat damit einen bestimmten Neigungswinkel. Die Schale ist im **Ungleichgewicht**. Übertragen auf die Sprache der Mathematik, entspricht das einer **Ungleichung**, bei der die Seiten durch die Zeichen < oder > verbunden sind.

Die Höhen der Schalen und der Neigungswinkel des Bügels werden mit Bleistift oder Haftzetteln markiert.
Nun werden zu beiden Schalen gleich viele Murmeln zugefügt – z. B. jeweils eine Murmel, sodass rechts nun 2 Murmeln und links 4 enthalten sind. Die linke Seite steigt etwas nach oben, während die rechte sinkt. Dabei bleibt die linke Schale aber tiefer als die rechte. Die Waage ist immer noch im Ungleichgewicht, aber dieses hat sich etwas **verschoben**. Das bedeutet, der Neigungswinkel des Bügels hat sich verändert.

TIPP

Parallel zum Waagschalen-Experiment können Sie an der Tafel die passenden Gleichungen notieren. So verbinden die Schüler gleich das Erlebte mit der abstrakten mathematischen Darstellung.

ERHALTEN DES UNGLEICHGEWICHTS

Stellen Sie den Schülern die Frage, was man tun muss, damit bei einer Veränderung das anfängliche Ungleichgewicht (d. h. der Neigungswinkel) zwischen beiden Seiten erhalten bleibt.
Probieren Sie mit den Schülern verschiedene Beispiele und verschiedene Rechenarten aus. Sie stellen fest, dass das anfängliche Ungleichgewicht (der anfängliche Neigungswinkel) nur erhalten bleibt, wenn die Anzahl Kugeln auf beiden Seiten mit derselben Zahl **vervielfältigt** wird (bzw. durch diese **dividiert** wird). Denn nur dann bleibt das Verhältnis der beiden Seiten zueinander erhalten. Zufügen oder Entfernen gleicher Massen ändert das Ungleichgewicht dagegen. So können Sie den **Begriff des „Verhältnisses"** der Seiten zueinander einführen.

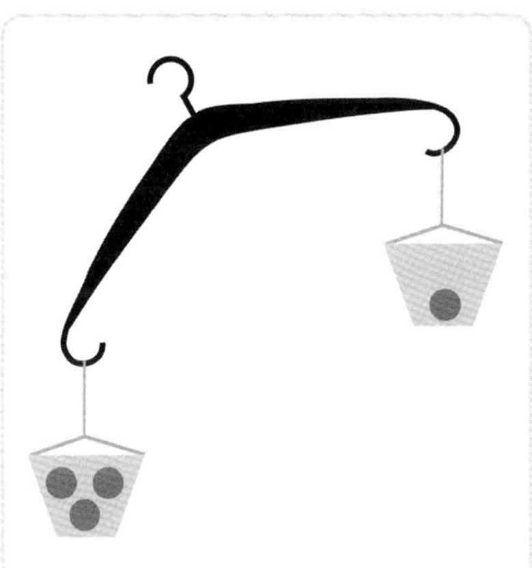

Im Beispiel bleibt der Neigungswinkel z. B. dann erhalten, wenn die Anzahl der Kugeln in beiden Schalen verdoppelt wird: Dann sind in der linken Schale 6 Kugeln, in der rechten 2.

Gleichungen mit Unbekannten – Die Blackbox

WORUM GEHT'S?

Sich auf die Suche nach etwas Unbekanntem zu begeben, klingt zunächst einmal nach einem Abenteuer. Mit einer selbst gebauten Waage und **geheimnisvollen Boxen** kann auch der Einstieg in das Thema „Gleichungen mit Unbekannten" an Spannung gewinnen ...

FÜR WEN?

Klassenstufe 5–6

Vorführexperiment oder bei mehreren Waagen Kleingruppenarbeit (3–5 Schüler)

WAS BRAUCHT MAN?

für ein Vorführexperiment:

→ 1 Bügelwaage (Material und Bauanleitung siehe „Gleichungen – Die Bügelwaage" [S. 80])

bzw. für jede Kleingruppe:

→ 1 Bügelwaage
→ mehrere gleich große Massestücke, z. B. Murmeln
→ mehrere kleine undurchsichtige und verschließbare Behältnisse als Blackbox, z. B. Streichholzschachteln oder andere kleine Pappschachteln
Achtung: Die Massen der Behältnisse müssen im Vergleich zu der eines Massestückes vernachlässigbar klein sein.

WIE VIEL ZEIT BRAUCHT MAN?

Vorbereitung: 15–20 min zum Bau der Bügelwaage
(Die Waage ist anschließend wiederverwendbar.)
Durchführung: 20–30 min

Was ist vorher zu tun?

Bauen Sie die benötigte Anzahl Bügelwaagen (Anleitung siehe „Gleichungen – Die Bügelwaage" [S. 80]).

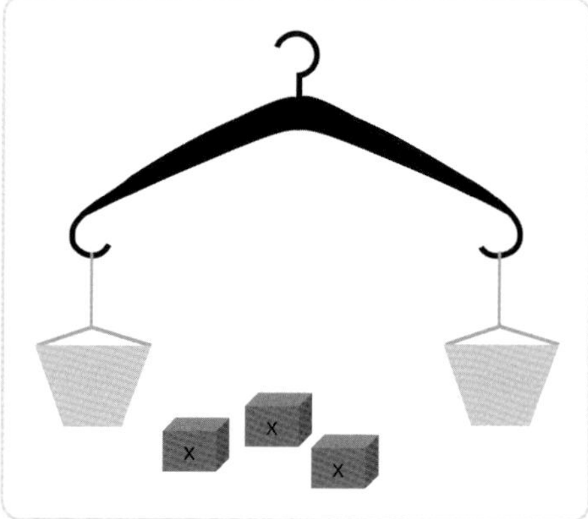

Die Behältnisse **(Blackboxes)** füllen Sie mit unterschiedlich vielen Massestücken, z. B. Murmeln, und verschließen sie dann. Bei Bedarf können Sie die Schachteln noch zur Dekoration mit einem großen „X" versehen. Wie viele Murmeln hineinkommen, entscheiden Sie je nach Ihren Übungsaufgaben. Haben Sie nur ein Behältnis, können Sie es auch von Aufgabe zu Aufgabe neu befüllen. Die Durchführung ist jedoch einfacher, wenn gleich mehrere Blackboxes zur Verfügung stehen und Sie nicht versuchen müssen, sie heimlich neu zu füllen.

Als Aufhängung für die Waage eignen sich z. B. Kleiderhaken, eine geöffnete Schranktür o. Ä. Es kann aber auch jemand die Waage während des Experimentes am Bügelhaken per Hand festhalten.

TIPP

Testen Sie vorher den Aufbau mit den Materialien, die genutzt werden sollen, um sicherzugehen, dass die ausgewählten Massestücke ausreichen und die Waage funktioniert.

Gleichungen mit Unbekannten – Die Blackbox

Jetzt geht's los

Mit mehreren im Schwierigkeitsgrad ansteigenden Beispielen üben sich die Schüler im Umstellen nach „x". Legen Sie die Blackbox in eine der Waagschalen und in die andere Murmeln. Es ist günstig, zunächst genauso viele Murmeln hineinzulegen, wie in der Blackbox enthalten sind. In späteren Versuchen weicht die Anzahl der Murmeln in der Box dann von denen in der anderen Waagschale ab.
Die Schüler haben nun immer dieselbe **Aufgabe**: *Findet heraus, wie viele Murmeln sich in der Box befinden!*

Dabei dürfen die Schüler Gewichte oder Boxen von einer zur anderen Seite bewegen oder ganz von der Waage nehmen. Die Waage zeigt stets an, ob die Lösung richtig ist, aber zur Kontrolle dürfen die Schüler natürlich auch in die Box schauen.

Mit zunehmender Übung der Schüler können Sie die **Anzahl der Blackboxes variieren** oder zu der oder den Blackboxes noch Murmeln in die Waagschale legen. Verwenden Sie mehrere Blackboxes für eine „Gleichung", müssen immer in allen Boxen gleich viele Massestücke sein, anderenfalls hätte man eine Gleichung mit 2 Unbekannten. Die Schüler erhalten in dem Fall die Information, dass die Boxen gleich schwer sind.

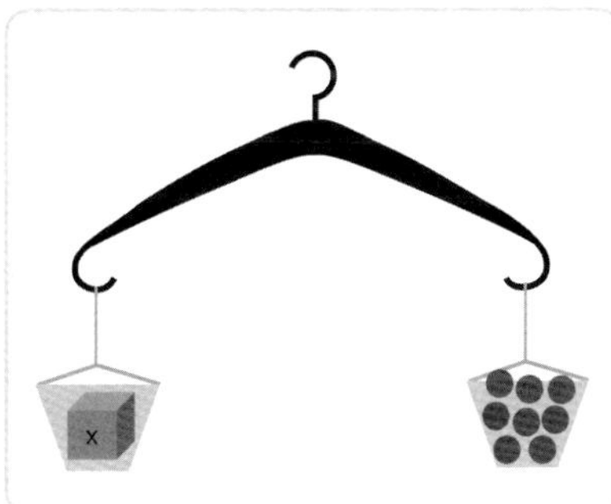

WIE VIELE MURMELN SIND IN DER BOX?

Ein **Beispiel** soll das Vorgehen verdeutlichen:
Legen Sie in eine Schale der Waage eine Blackbox (mit neuer, unbekannter Anzahl Murmeln, z. B. 3) und 2 einzelne Murmeln. In die andere Waagschale kommen so viele Murmeln, wie sich in der Box befinden, plus 2 weitere (hier also 5 Murmeln).

Führen Sie die Schüler dann zu der **Erkenntnis**, dass die Blackbox genauso viele Murmeln enthalten muss, um die Differenz zwischen den beiden Murmeln bei der Box und der Anzahl Murmeln in der anderen Waagschale zu ergeben (hier also 5 - 2 = 3).

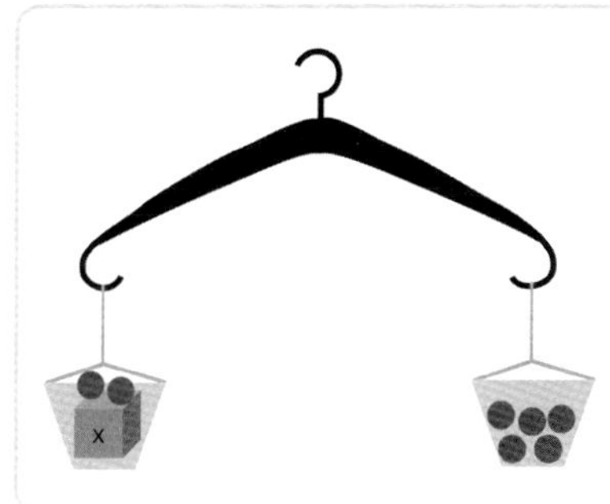

Funktionsgraphen – Ein Bilder-Rätsel

WORUM GEHT'S?

Mit einem Bilder-Rätsel wird der Blick für Funktionen und ihre Graphen spielerisch geschult.

FÜR WEN?

Klassenstufe 7
Klein- oder Großgruppenarbeit

WAS BRAUCHT MAN?

→ Koordinatensysteme mit verschiedenen Abbildungen von Graphen und anderen Darstellungen (z. B. Kopiervorlage S. 88)

für jeden Schüler:

→ evtl. 1 Stift

WIE VIEL ZEIT BRAUCHT MAN?

Vorbereitung: 5–10 min
Durchführung: 15–20 min

Was ist vorher zu tun?

Bereiten Sie Koordinatensysteme vor mit **Abbildungen von Graphen verschiedener Funktionen** (z. B. lineare Funktionen, Exponentialfunktionen, Sinusfunktionen, ganzrationale Funktionen höheren Grades, aber z. B. auch Sägezahn- oder Zickzackkurven) sowie Abbildungen, welche die Bedingung der eindeutigen Zuordnung nicht erfüllen und somit keine Funktion darstellen (z. B. Zickzack-Linien „von oben nach unten", eine senkrechte Linie, Kreis, Spirale, usw.).
Sie können auch die Kopiervorlage „Funktions-Bilder-Rätsel" (S. 88) nutzen. Scheuen Sie nicht vor Funktionen zurück, die eigentlich erst viel später im Stoff kommen, und lassen Sie Ihrer Fantasie freien Lauf. Ein paar Zeichnungen zum Schmunzeln lockern das Ganze auf.
In jedem Fall ist es übersichtlicher, wenn nicht zu viele Abbildungen pro Koordinatensystem dargestellt sind.

Dieses Experiment können Sie mit der kompletten Klasse gemeinsam durchführen oder mehrere Kleingruppen parallel arbeiten lassen, deren Ergebnisse später in der Klasse ausgewertet werden.

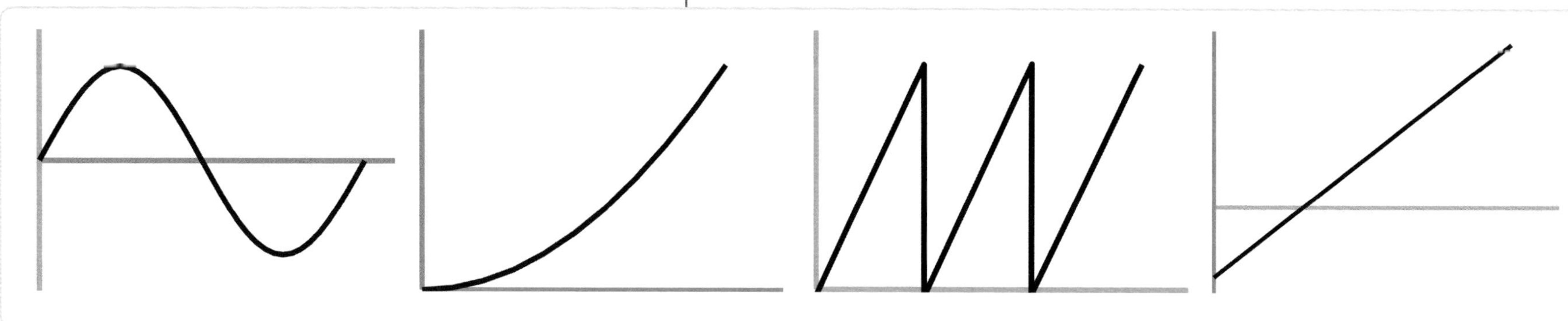

Funktionsgraphen – Ein Bilder-Rätsel

Jetzt geht's los

Zeigen Sie der Klasse zunächst ein oder zwei der Abbildungen. Die Schüler sollen nun überlegen, welche davon die Anforderung erfüllen, dass jedem x-Wert eindeutig ein y-Wert zugeordnet wird.

FUNKTION ODER NICHT?

Nach ersten Vermutungen lassen Sie die Schüler die Abbildung in Leserichtung von links nach rechts durchgehen. Dabei läuft eine gedachte, senkrecht zur x-Achse liegende Linie die x-Achse entlang. Dies kann tatsächlich z. B. mit einem **„wandernden" Lineal** oder einem Stock veranschaulicht werden, das bzw. der quer zur x-Achse gehalten und an dieser entlang von links nach rechts verschoben wird.
Auch das gedachte Bild eines Laserstrahls, der senkrecht zur x-Achse verläuft und eine Fehlermeldung erzeugt, wenn er mehr als einen Punkt gleichzeitig abtastet, kann als Eselsbrücke dienen.

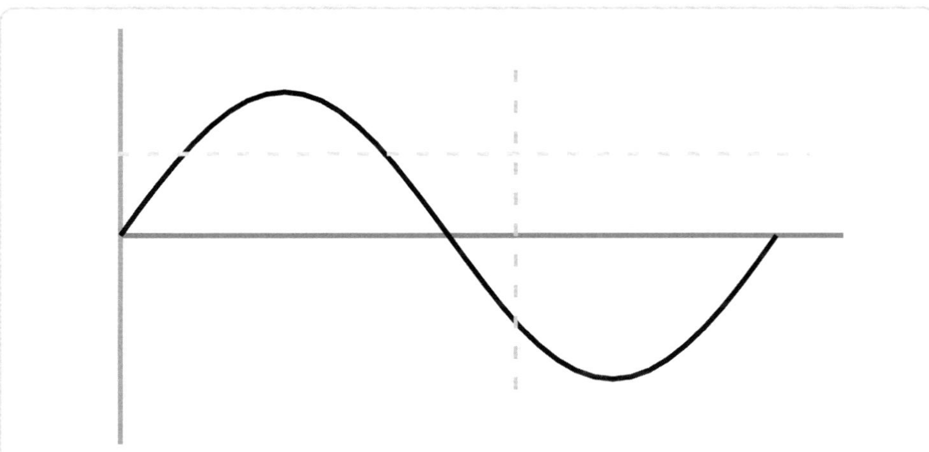

Dabei kann den Schülern Folgendes auffallen:
Der Graph

- verläuft in x-Richtung immer nur in eine Richtung und nie zurück,
- kann entlang der y-Achse beliebig oft (steil oder sacht) an- und absteigen,
- kann aus mehreren Einzelteilen bestehen, die sich anscheinend nicht berühren.

Im nächsten Schritt können die Schüler auch eigene zeichnerische Versuche starten, selbst Kurven ins Koordinatensystem zu zeichnen, die die Bedingung der Eindeutigkeit erfüllen.

VARIANTE 1

Die Schüler können auch die **Buchstaben ihrer Namen** in Großbuchstaben auf Eindeutigkeit im Koordinatensystem testen (V, W passen sowie M, N, U, wenn sie leicht ausgestellt geschrieben werden.) Alles, was einen persönlichen Bezug zum Thema herstellt und die Gruppe ohne Frustration an die Darstellungsweisen und Bedingungen heranführt, ist von Vorteil.

VARIANTE 2

In Kleingruppen werden eigene Zeichnungen angefertigt, welche dann im Zirkelsystem weitergegeben (Gruppe A gibt an Gruppe B, B an C, C an A) und überprüft werden.

Kopiervorlage

Funktions-Bilder-Rätsel

Zuordnungen – Geschmäcker sind verschieden

WORUM GEHT'S?

Die grundlegendste Eigenschaft von Funktionen ist, dass jedem x-Wert eindeutig ein y-Wert zugeordnet werden kann. An einfachen Beispielen wird hier die eindeutige Zuordnung erlebt und grafisch veranschaulicht.

FÜR WEN?

Klassenstufe 7
Einzel- und Gruppenarbeit

WAS BRAUCHT MAN?

- Schokoladen mit verschiedenen Kakaogehalten
- Kreide, Whiteboardmarker o. Ä. in verschiedenen Farben

für jeden Schüler:

- 1 Stift
- Papier

WIE VIEL ZEIT BRAUCHT MAN?

Vorbereitung: ca. 5 min
Durchführung: 20–30 min

Was ist vorher zu tun?

Zeichnen Sie den ersten Quadranten eines Koordinatensystems an die Tafel mit den Markierungen 0 % bis 100 % in 10er-Schritten an x- und y-Achse. An der x-Achse ist der Kakaogehalt eingetragen und an der y-Achse die Geschmacksbewertung (100 % = schmeckt mir sehr gut, 0 % = schmeckt mir gar nicht). Die Schüler übertragen dies auf ihr Papier.

Jetzt geht's los

Brechen Sie die Schokoladentafeln so klein, dass jeder Schüler ein Stück von jeder Sorte bekommt. Die Schüler probieren die Stückchen und tragen den Kakaogehalt und ihre persönliche Geschmacksbewertung in ihr Koordinatensystem ein. Anschließend werden die Kurven gemeinsam begutachtet. Zu jeder Schokolade wird es **mehrere Geschmacksbewertungen** geben.

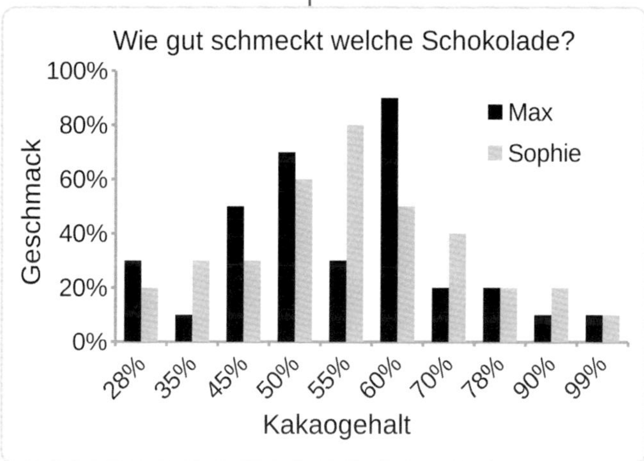

Nun tragen Sie gemeinsam mit der Klasse für jede Schokoladensorte zusammen, wie viele Schüler diese jeweils mit einer bestimmten Prozentzahl für das Geschmackserlebnis bewertet haben. Diesmal gibt es zu jeder Schokolade nur einen Wert.
Anhand dieses Beispiels sehen die Schüler den Unterschied zwischen einer eindeutigen und einer nicht eindeutigen Zuordnung.

Zuordnungen – Jeder kommt nur einmal zur Welt

WORUM GEHT'S?

Die grundlegendste Eigenschaft von Funktionen ist, dass jedem x-Wert eindeutig ein y-Wert zugeordnet werden kann. An einfachen Beispielen wird hier die eindeutige Zuordnung erlebt und veranschaulicht.
Dieser Versuch ist besonders gut geeignet als Schulhofexperiment.

FÜR WEN?

Klassenstufe 7
Einzel- und Gruppenarbeit

WAS BRAUCHT MAN?

- Kreide, Whiteboardmarker o. Ä. in verschiedenen Farben
- Tafel, Hauswand o. Ä.
- 1 Zollstock o. Ä.

für jeden Schüler:

- 1 Stift
- Papier

WIE VIEL ZEIT BRAUCHT MAN?

Vorbereitung: ca. 5 min
Durchführung: 15–20 min

Was ist vorher zu tun?

Wenn Sie dieses Experiment auf dem **Schulhof** durchführen möchten, zeichnen Sie an eine Außenwand des Schulgebäudes mit Kreide eine ca. 2 m lange y-Achse und eine möglichst lange x-Achse kurz über oder auf dem Boden.

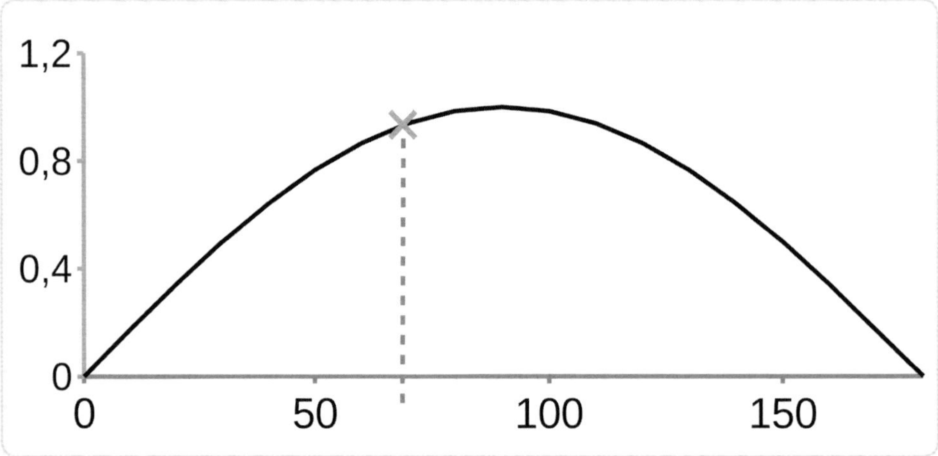

Jetzt geht's los

VORÜBERLEGUNGEN ANSTELLEN

Lassen Sie die Schüler nach Beispielen suchen, bei denen man einer bestimmten Sache, Person oder einem Zeitpunkt immer **genau einen** bestimmten Wert zuordnet, wie z. B.:

- eine Person kann zu einem Zeitpunkt immer nur an einem Ort sein,
- eine Person kann zu einem Zeitpunkt immer nur ein bestimmtes Alter haben,

Zuordnungen – Jeder kommt nur einmal zur Welt

- ➜ ein Ort hat zu einer bestimmten Tageszeit nur eine Temperatur,
- ➜ ein Gegenstand hat genau eine Entfernung zu einem bestimmten anderen Punkt (es sei denn, man umkreist die Erde noch einmal in einer anderen Richtung).

ZUORDNUNGEN ERSTELLEN

Die Schüler (oder ein Teil von ihnen) stellen sich entlang der x-Achse nebeneinander an der Wand auf, alphabetisch sortiert nach den Anfangsbuchstaben ihrer Namen. (Dann ist es auch nach Ende des Spiels noch möglich, zu rekonstruieren, welcher Schüler an welcher Position stand, und man kann bei Bedarf noch weitere Werte markieren.)

Mit Kreide werden die **Positionen der Schüler an der x-Achse** eingetragen. Dann wird ihre **Größe an der Wand markiert**, abgemessen und der Wert angeschrieben. Anschließend wird das Ergebnis gemeinsam betrachtet: Jede Person hatte einen bestimmten Platz an der x-Achse und zu diesem Platz gehört eine bestimmte Körpergröße.

Sie können nun die Schüler die Größenwerte auf derselben Höhe mit einem Skalenstrich an die y-Achse schreiben lassen und so auf eine sinnvolle Einteilung und Skalierung der Achse hinführen.

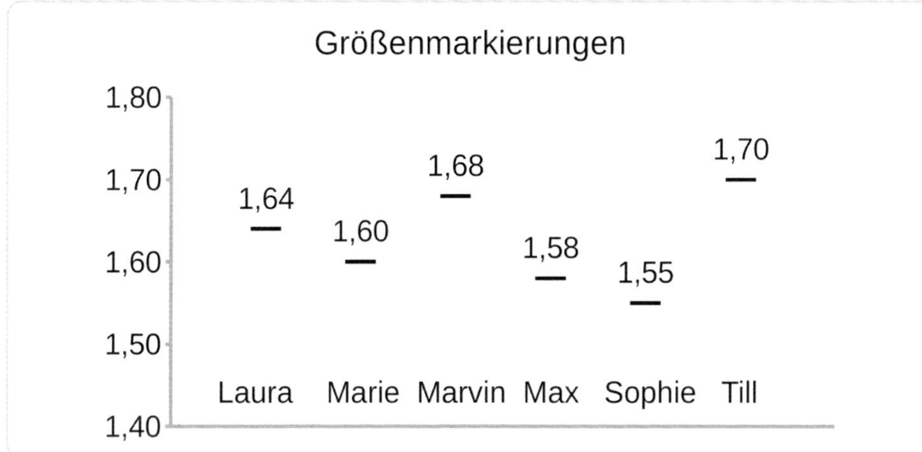

Als weitere Anwendung wird nun die y-Achse mit einer zweiten Achsenbeschriftung (in einer anderen Farbe) in sinnvoller Skalierung versehen, welche die Geburtsjahre der Schüler darstellt (z. B. von 2000 bis 2010).
Die Schüler markieren anschließend anhand dieser Achseneinteilung an ihrer jeweiligen Position mit der neuen Farbe ihr Geburtsjahr. Eine zweite eindeutige Zuordnung wird sichtbar.

Direkte Proportionalität – Treppensteigen

WORUM GEHT'S?

Die Schüler übernehmen die Rollen der Variablen x und y und symbolisieren die unterschiedlichen Änderungen der beiden Variablen durch unterschiedliche **Schrittlängen** beim Treppensteigen. Das führt sie zu einem anschaulicheren Verständnis der direkten Proportionalität.

FÜR WEN?

Klassenstufe 6
Großgruppenarbeit

WAS BRAUCHT MAN?

- Haftnotizzettel und evtl. Kreppklebeband
- 1 dicker dunkler Stift
- 1 Taschenrechner

für jeden Schüler:

- Papier
- 1 Stift

WIE VIEL ZEIT BRAUCHT MAN?

Vorbereitung: 10–15 min
Durchführung: 20–30 min

Was ist vorher zu tun?

Zeichnen Sie ein Koordinatensystem mit 4 Quadranten direkt an die Tafel oder auf großes Flipchart-Papier, welches Sie für die Zeit des Experimentes direkt im Treppenhaus mit Kreppklebeband an die Wand kleben können. Suchen Sie sich dafür einen geeigneten Platz im **Treppenhaus**: Sie benötigen 16–20 Stufen. Nummerieren Sie die Stufen mit den Klebezetteln oder dem Klebekreppband an einem Rand von unten nach oben von 1 bis n (n = Stufenanzahl) und am anderen Rand von oben nach unten von –1 bis –n. Der Stufenabsatz ist jeweils 0.

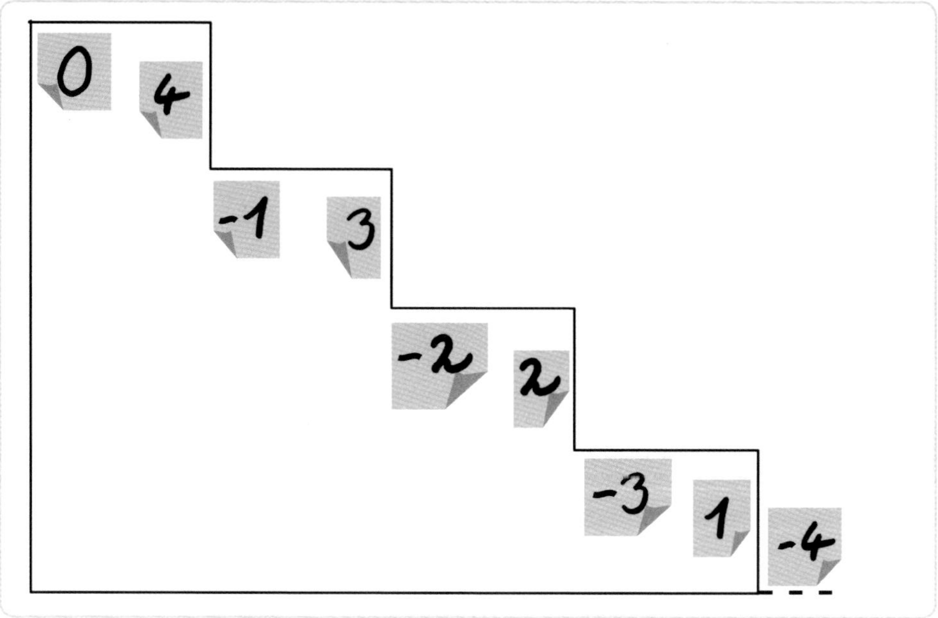

Wenn Sie kein Treppenhaus/keine passenden Stufen im Außenbereich haben, können Sie auch auf den **Fußboden** eine Reihe von 16–20 Kästchen kleben und diese entsprechend in beide Richtungen nummerieren oder nutzen Sie dafür Gehwegplatten o. Ä.

Direkte Proportionalität – Treppensteigen

Jetzt geht's los

Die Schüler zeichnen sich jeder eine Tabelle mit 10 Zeilen und so vielen Spalten, wie Stufen vorhanden sind, auf ein Blatt Papier. Zusammen mit einem Stift nehmen sie das Blatt mit zum Versuchsaufbau.

1. Versuch									
X	1	2	3	4	5	6	7	8	…
Y	1	2	3	4	5	6	7	8	
X : Y	1	1	1	1	1	1	1	1	
X : Y	1	1	1	1	1	1	1	1	
…									

3. Versuch									
X	1	2	3	4	5	6	7	8	…
Y	1	3	4	6	7	9	10	12	
X : Y	1	2/3	3/4	4/6 = 2/3	5/7	6/9 = 2/3	7/10	8/12 = 2/3	
Y : X	1	3/2	4/3	6/4 = 3/2	7/5	9/6 = 3/2	10/7	12/8 = 3/2	…
…									

Es werden 2 Freiwillige benötigt: Eine Person ist „X", die andere „Y". Beide erhalten eine entsprechende Markierung (z. B. mit Kreppklebeband).

Im Treppenhaus erhalten „X" und „Y" nacheinander verschiedene Aufträge:

1. Versuch:
„X" und „Y" starten unten an der Treppenmarkierung und gehen beide langsam und im gleichen Tempo Stufe für Stufe hinauf.

2. Versuch:
„X" und „Y" starten unten an der Treppenmarkierung. „X" geht bei jedem Schritt 1 Stufe hinauf, während „Y" in derselben Zeit jeweils einen größeren Schritt über 2 Stufen macht.

3. Versuch:
„X" und „Y" starten unten an der Treppenmarkierung. „X" geht mit jedem Schritt 1 Stufe hinauf, während „Y" abwechselnd jeweils einen Schritt über 1 und über 2 Stufen macht.

4. Versuch:
„X" startet unten und „Y" startet oben an der Treppenmarkierung.
Beide gehen im gleichen Tempo jeweils Stufe für Stufe hinab bzw. hinauf.

5. Versuch:
„X" startet unten und „Y" startet oben an der Treppenmarkierung. „X" geht mit jedem Schritt 2 Stufen auf einmal hinauf, während „Y" in derselben Zeit jeweils nur 1 Stufe pro Schritt hinabgeht.

Direkte Proportionalität – Treppensteigen

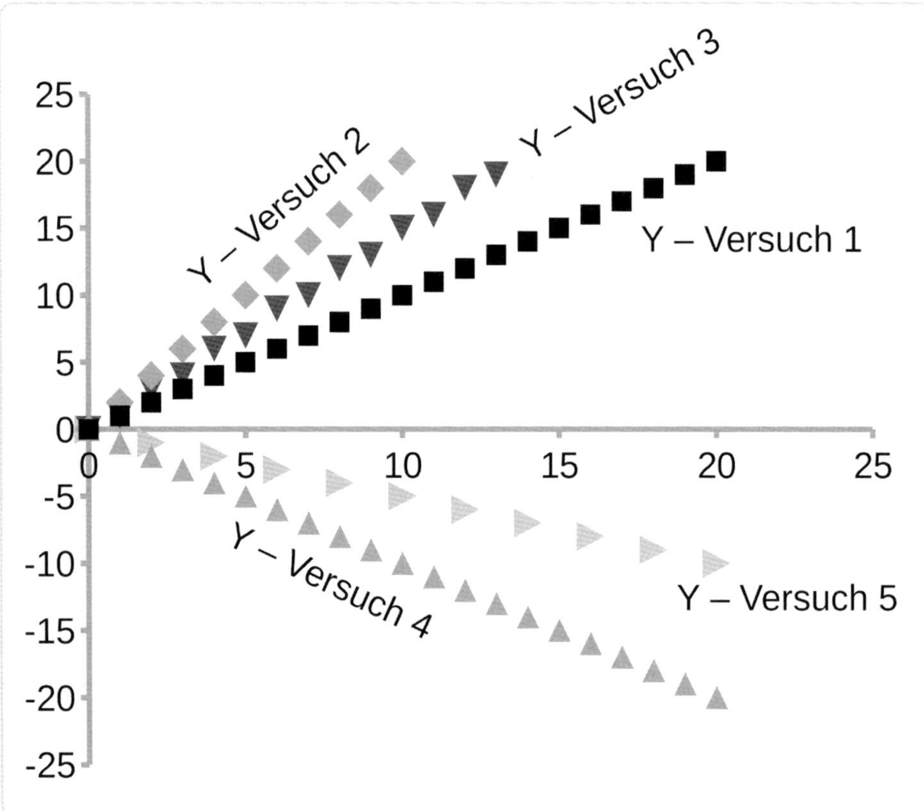

BEOBACHTEN UND ÜBERTRAGEN

Die anderen Schüler beobachten und notieren in ihren Tabellen, auf welcher Stufe (bei welcher Nummer) sich „X" und „Y" nach jedem Schritt befinden.
Beim Hinaufgehen zählen jeweils die positiven Nummern an den Stufen (1, 2, 3 …) und beim Hinabgehen die negativen (-1, -2, -3 …).

Sind alle Versuche beendet, werden die Wertepaare gemeinsam in das von Ihnen zu Beginn vorbereitete Koordinatensystem übertragen (jeder Versuch mit einer anderen Farbe). Außerdem berechnen die Schüler für jeden Versuch den Wert der Quotienten aus „X : Y" und „Y : X".

PROPORTIONAL ODER NICHT PROPORTIONAL?

Gemeinsam betrachten die Schüler nun die eingezeichneten Wertepaare im Koordinatensystem und die berechneten Verhältnisse. Auffallen sollte ihnen z. B.:

- → Die Wertepaare aus den Versuchen 1, 2, 4 und 5 bezeichnen im Koordinatensystem Punkte auf ansteigenden oder abfallenden Geraden. Die Wertepaare aus Versuch 3 ergeben alternierende Punkte, die nicht auf einer Geraden liegen.
- → Teilt man bei den Versuchen 1, 2, 4 und 5 bei einem Wertepaar eine Größe durch die andere, erhält man einen Faktor, der das **Verhältnis** der beiden Größen zueinander beschreibt, den **Proportionalitätsfaktor**. Je nachdem, welcher Wert durch welchen geteilt wird, erhält man unterschiedliche Faktoren, die zwar verschieden voneinander, aber für alle Wertepaare gleich sind.

Sie können nun die Schüler dahin führen, dass ein solcher Proportionalitätsfaktor ein **Kennzeichen** einer proportionalen Funktion ist, und dann auf deren Eigenschaften eingehen.
Aus der Tatsache, dass ein solcher Proportionalitätsfaktor für Versuch 3 nicht existiert, können die Schüler schließen, dass in diesem Fall X und Y nicht proportional zueinander sind.

WISSENSWERTES
Das Wort „Proportion" setzt sich zusammen aus „pro" und „portion" und bedeutet „je Stück" oder „pro (An-)Teil".

Indirekte Proportionalität – Partnersuche

WORUM GEHT'S?

Die Schüler suchen Gegenwertpaare und stellen sie grafisch dar.

FÜR WEN?

Klassenstufe 6
Großgruppenarbeit

WAS BRAUCHT MAN?

→ 1 dicker dunkler Stift

für jeden Schüler:

→ 1 Notizzettel oder Karteikarte

WIE VIEL ZEIT BRAUCHT MAN?

Vorbereitung: 5–10 min
Durchführung: 10–15 min

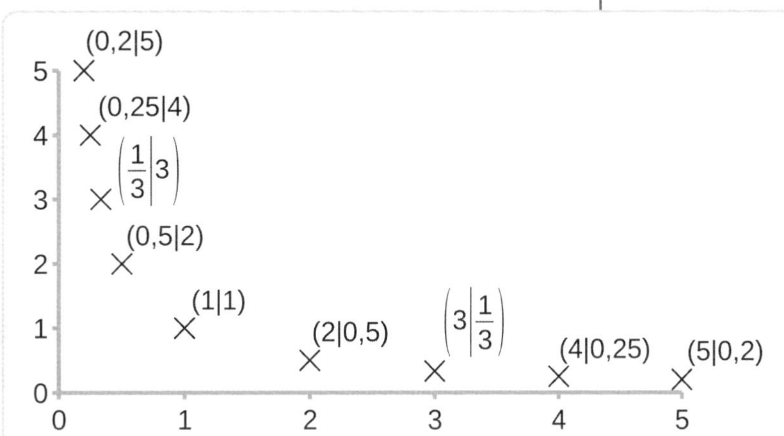

Was ist vorher zu tun?

Zeichnen Sie den ersten Quadranten eines Koordinatensystems an die Tafel. Bereiten Sie aus den Zetteln bzw. Karteikarten **Kartenpaare** vor, bei denen Sie **jeweils auf die eine Karte eine Zahl oder Bruchzahl, auf die andere deren Kehrwert** schreiben. Es werden so viele Kartenpaare gebraucht, dass jeder Schüler eine Karte erhält. Nutzen Sie bei den Bruchzahlen gern auf einigen Karten die Darstellung als Bruch und auf anderen die als Dezimalzahl (z. B. 3 und 1/3; 4 und 0,25; 0,4 und 5/2). Durch die Sonderrolle der „1", steht sie auf 2 Karten.

Jetzt geht's los

Die Kartenpaare werden gut gemischt, danach erhält jeder Schüler ein Kärtchen. Bei einer ungeraden Anzahl von Schülern nehmen Sie auch eine Karte. Nun sollen die Schüler unter ihren Mitschülern die Person finden, deren Zahl multipliziert mit der eigenen „1" ergibt.

Haben sich alle Paare gefunden, stellen sie den anderen kurz vor, wieso sie zusammengehören, damit alle voneinander lernen können. Anschließend tragen die Schülerpaare nacheinander ihre Zahlenpaare in das Koordinatensystem ein.

Hier können Sie dazu überleiten, dass offensichtlich die Zahlenpaare eine Zuordnung bzw. Funktion darstellen. Vermutlich kommt jetzt unter den Schülern die Frage auf, welcher Wert x und welcher y ist. Je nach Benennung können mit dem Zahlenpaar 2 Punkte im Koordinatensystem markiert werden.

Es folgt die Auswertung der Darstellung im Koordinatensystem und der Begriff der **Hyperbel** kann eingeführt werden.

Lineare Funktionen – So ein Auf und Ab!

WORUM GEHT'S?

In diesem Experiment wird der Einstieg in das Thema „Lineare Funktionen" gemeinschaftlich und recht „bewegt" erarbeitet.

FÜR WEN?

Klassenstufe 7
Großgruppenarbeit

WAS BRAUCHT MAN?

- 7 Stühle
- 7 Zettel
- 1 dicker Filzstift
- etwas Kreppklebeband

WIE VIEL ZEIT BRAUCHT MAN?

Vorbereitung: ca. 5 min
Durchführung: ca. 30 min

Was ist vorher zu tun?

Bauen Sie eine Stuhlreihe mit 7 Stühlen nebeneinander auf. An jeden Stuhl wird ein Zettel geheftet, auf dem von links nach rechts eine Nummer von –3 bis 3 steht.

Jetzt geht's los

SPIELREGELN FESTLEGEN

Bitten Sie 7 Freiwillige nach vorn, die auf den 7 Stühlen Platz nehmen. Die Stuhlreihe stellt die x-Achse eines Koordinatensystems dar. Die Schüler nehmen also die x-Werte –3 bis 3 ein.

Die Position der Schüler auf den Stühlen gibt den Wert auf der y-Achse an, z. B. indem sie für …

- $y = 3$ auf dem Stuhl stehen,
- $y = 2$ auf dem Stuhl auf Knien sitzen, mit dem Po in der Luft,
- $y = 1$ auf dem Stuhl auf Knien sitzen, mit dem Po auf den Beinen,
- $y = 0$ auf dem Stuhl sitzen,
- $y = -1$ vor dem Stuhl hocken,
- $y = -2$ vor dem Stuhl auf dem Boden sitzen,
- $y = -3$ unter dem Stuhl auf dem Boden liegen

FUNKTIONSWERTE DARSTELLEN

Gehen Sie die ersten zwei Beispiele zusammen mit der Klasse durch, z. B. $y = 0$ und $y = 3$, und üben Sie, wie sich die Schüler bei diesen Funktionen auf, vor oder unter den Stühlen befinden.

Lineare Funktionen – So ein Auf und Ab!

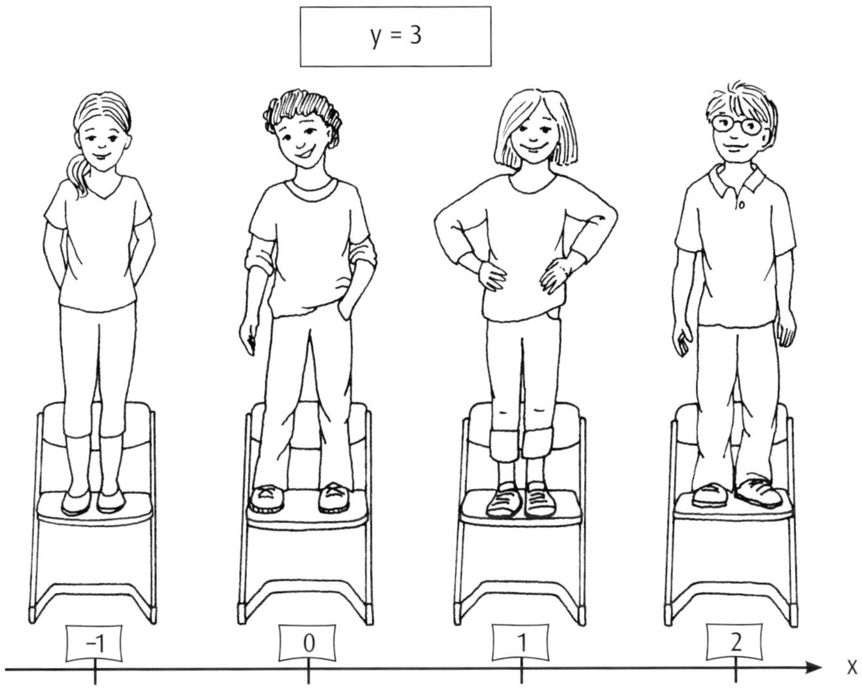

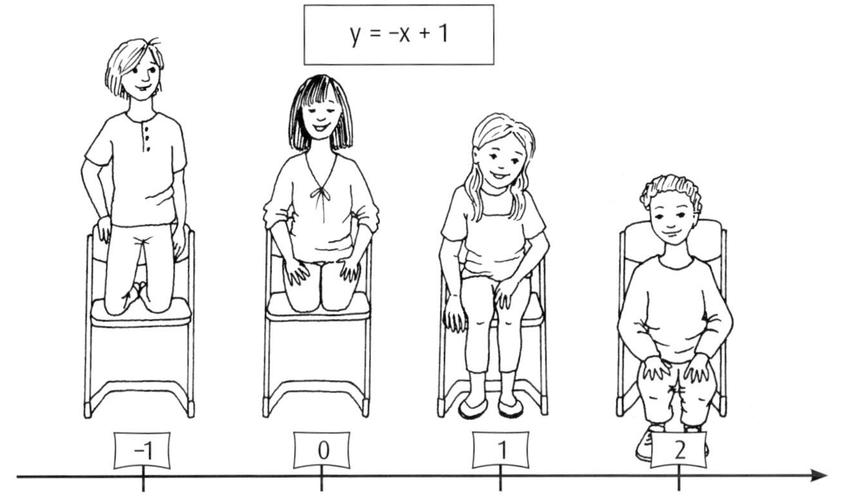

Alle Schüler, die einen Wert haben, der nicht dargestellt werden kann (da der Wert zu weit oben oder unten ist und die Skala ihn nicht erfasst), verlassen für den Moment den Platz und gehen ein Stück zur Seite.

Bei den nächsten Beispielen überlegt die Klasse nun gemeinsam, wie die Schüler auf den Stühlen ihre Position ändern müssen, um die vorgegebene Funktion darzustellen.

Geben Sie verschiedene Funktionen vor, z. B.:

→ y = 2, y = -3 oder auch y = -4
→ y = x
→ y = x + 1, y = x - 2 ...
→ y = 2x

Während die **Funktionen mit waagerechtem Funktionsgraphen** (Abbildung oben links) noch recht einfach darzustellen sind – man muss sich nur so hinsetzen, wie es auch der Nachbar tut –, muss man bei den **Funktionen mit positiver oder negativer Steigung** überlegen, wie die eigene Position im Vergleich zu der der Nachbarn aussehen muss (Abbildung oben rechts).

TIPP

Die Positionen der Schüler auf den Stühlen können gleichzeitig von einem kleinen Schülerteam an der Tafel als Punkte in ein **Koordinatensystem** eingetragen werden. So werden die verschiedenen Funktionen auch grafisch festgehalten und können im Anschluss gemeinsam betrachtet werden.

VARIANTE

Ist in Ihrer Schule oder der Turnhalle eine **Tribüne** mit Sitzplätzen oder Bänken vorhanden, können Sie die Übung auch mit mehreren Schülern nebeneinander und einer größeren Spanne an y-Werten ausprobieren. Jede Sitzreihe ist dann ein Wert auf der y-Achse.

Lineare und Exponentialfunktionen – Ticketpreise im Vergleich

WORUM GEHT'S?

Dieses Experiment beruht auf einer kleinen Geschichte, die zum Teil auf der alten Legende um die Belohnung für die Erfindung des Schachspiels zurückgeht. Sie ermöglicht eine erste vergleichende Beschäftigung mit linearen und Exponentialfunktionen.

FÜR WEN?

Klassenstufe 9
Großgruppenarbeit

WAS BRAUCHT MAN?

- 14 Stühle (oder andere Platzmarkierungen, wie z. B. Kissen)
- evtl. 1-2 Packungen Reiskörner und 1 Packung getrocknete Erbsen

für jeden Schüler:

- evtl. 1 Stift und Zettel
- evtl. 1 Taschenrechner

WIE VIEL ZEIT BRAUCHT MAN?

Vorbereitung: 5–10 min
Durchführung: ca. 20–30 min

Was ist vorher zu tun?

Bereiten Sie verdeckt ein großes Koordinatensystem vor (x-Achse von 0 bis 14; y-Achse von 0 bis mindestens 20), welches erst zur Auswertung des Experimentes gebraucht wird.

Stellen Sie die 14 leeren Stühle nebeneinander oder in 2er-Reihe auf. Sie symbolisieren die Plätze für eine kleine Geschichte.

Jetzt geht's los

Erzählen Sie der Klasse zunächst diese kleine Geschichte:
Schon bald steht ein tolles Ereignis an unserer Schule an. (Je nach dem Geschmack Ihrer Schüler setzen Sie hier ein Theaterstück, ein Fußballspiel oder eine Busreise an einen interessanten Ort ein.) *Für die Veranstaltung gibt es genau 14 Platzkarten und ihr möchtet diese alle für euch und eure Freunde erwerben. Dabei habt ihr die Qual der Wahl zwischen zwei verschiedenen Preisangeboten:*

Preisangebot A:
Der erste Platz kostet genau 1 Euro, der zweite kostet 2 Euro, der dritte Platz 3 Euro und immer so weiter bis zum 14. Platz. Jeder Platz kostet also genau **1 Euro mehr** als der vorherige.

Preisangebot B:
Der erste Platz kostet genau 1 Cent, der zweite kostet 2 Cent, der dritte Platz 4 Cent, der vierte 8 Cent und immer so weiter bis zum 14. Platz. Jeder Platz kostet also genau **das Doppelte** des vorherigen.

Lineare und Exponentialfunktionen – Ticketpreise im Vergleich

WAHL DES ANGEBOTS

Nun lassen Sie die Schüler kurz überlegen und gern auch diskutieren, nach welchem Angebot sie die Platzkarten kaufen möchten.
Ob Sie von der Klasse eine gemeinsame Entscheidung möchten oder jeder Schüler einzeln wählen kann, liegt bei Ihnen (oder der Klasse).
Kommt es zu Einzelentscheidungen, notieren Sie, wie viele Schüler für Angebot A stimmen und wie viele für B.

Falls die Schüler es nicht schon längst gemacht haben, werden nun für beide Angebote die Kosten der einzelnen Plätze ausgerechnet. Es wird klar, dass die ersten Plätze bei Angebot B zwar viel günstiger sind als bei Angebot A, aber die letzten eben auch teurer. Addiert man die Preise für alle Karten eines Angebotes, ist der Gesamtpreis bei B höher als bei A.

Werden die Werte in das vorbereitete Koordinatensystem eingetragen, zeigen sich die unterschiedlichen Entwicklungen der Angebote deutlich.

VARIANTE 1

Sie können beim ersten Entscheidungsprozess auch mit einer **Aufstellung** arbeiten: Die Personen, welche sich **spontan** für Preissystem A entscheiden, stellen sich auf eine Seite und diejenigen, die sich für Preissystem B entscheiden, auf die andere Seite. Dann geben Sie den Schülern eine Diskussionszeit, während der sie ihre Position wechseln können, falls sie sich noch anders entscheiden möchten.

VARIANTE 2

Zur Veranschaulichung der Preisentwicklung können die Schüler auch auf die Plätze die jeweiligen „Kosten" symbolisch mit trockenen Erbsen für Angebot A und Reiskörnern für Angebot B legen. Für die größeren Zahlen können die Reiskörner auch als grob abgeschätzte Volumenmenge in Gefäßen platziert werden.

Platz → Angebot ↓	1	2	3	4	5	6	7	8	9	10	11	12	13	14	**Summe**
A	1 €	2 €	3 €	4 €	5 €	6 €	7 €	8 €	9 €	10 €	11 €	12 €	13 €	14 €	**105 €**
B	1 ct	2 ct	4 ct	8 ct	16 ct	32 ct	64 ct	1,28 €	2,56 €	5,12 €	10,24 €	20,48 €	40,96 €	81,92 €	**163,83 €**

Formeln entdecken – Zwei sind gleich

WORUM GEHT'S?

Das hier beschriebene Spiel macht neugierig auf mathematische Zusammenhänge. Es basiert auf dem sogenannten „Problem der 15 Schulmädchen". Hier können die Schüler im zweiten Schritt üben, selbst eine mathematische Formel aufzustellen. Trotz des höheren Schwierigkeitsgrades macht dieses Spiel Spaß.

FÜR WEN?

Klassenstufe 5 (für das Spiel) bzw. 8 (für das Experiment)
Kleingruppenarbeit (2–4 Schüler)

WAS BRAUCHT MAN?

→ evtl. Klebestift

für jede Kleingruppe:

→ 1 Set Spielkarten (Kopiervorlage S. 103)
→ evtl. 1 DIN-A4-Bogen Tonpapier (in unterschiedlichen Farben)
→ Stifte
→ Papier

WIE VIEL ZEIT BRAUCHT MAN?

Vorbereitung: 10–15 min
Durchführung: ca. 5 min pro Spiel bzw. 30–45 min pro Experiment

Was ist vorher zu tun?

Pro Kleingruppe kopieren Sie einmal die Spielkarten (S. 103) und schneiden sie aus. Damit die Karten stabiler sind und um die einzelnen Kartenspiele besser auseinanderzuhalten, können Sie diese auch vor dem Zerschneiden auf verschiedenfarbigen Karton kleben (je Set eine Farbe) oder laminieren.

Jetzt geht's los

Die Schüler finden sich in Kleingruppen zusammen und jede Gruppe erhält ein Spielkarten-Set.

DAS SPIEL – DIE SPIELREGELN

Alle Karten werden in einem verdeckten Stapel bereitgelegt. Ein Schüler zieht 2 Karten und legt sie, für alle aus der Gruppe gut sichtbar, mit der Bildseite nach oben auf den Tisch. Ziel für alle Gruppenmitglieder ist es, so schnell wie möglich das Symbol zu finden, welches auf beiden Karten vorhanden ist. Es ist tatsächlich bei allen Kartenkombinationen immer **genau 1 Motiv gleich**. Die Person, die dieses Symbol als erste laut nennt, erhält einen Punkt. Die Karten kommen auf einen Ablagestapel und es werden 2 neue Karten auf den Tisch gelegt.

Formeln entdecken – Zwei sind gleich

Ist nur noch eine Karte im ursprünglichen Stapel, wird sie zusammen mit dem Ablagestapel gemischt, sodass ein neuer Nachziehstapel entsteht.
Wer nach einer vorher festgelegten Anzahl von Runden die meisten Punkte hat, ist „Champion".

WARUM FUNKTIONIERT'S?

Sind eine oder ein paar Runden gespielt worden, sollen die Schüler herausfinden, wie es zustande kommt, dass jedes Kartenpaar immer genau ein übereinstimmendes Symbol hat.
(Ob diese Aufgabe von den Kleingruppen einzeln oder von der ganzen Klasse zusammen gelöst werden soll, liegt in Ihrem Ermessen.)

TIPP

Diese Aufgabe kann auch gut über **mehrere Tage zum Knobeln** einladen. Falls der Zusammenhang zwischen den Karten und ihren Symbolen nicht im Spiel erkannt wird, grübeln manche Schüler und Gruppen auch außerhalb des Unterrichts gerne weiter.

SO FUNKTIONIERT'S!

Am einfachsten ist es, wenn man sich eine Anfangskarte aussucht. Unser Beispiel ist hier die Karte mit dem Kreis, dem Quadrat und dem Dreieck

Da die Spielregel besagt, dass bei allen Kartenkombinationen immer genau ein Motiv gleich ist, bedeutet dies, dass alle anderen Karten auch immer genau eines dieser 3 Symbole haben müssen.
Damit lassen sich, ausgehend von der Anfangskarte, **3 „Stränge"** bilden: Einen Strang bilden alle Karten, auf denen ein Kreis abgebildet ist, ein Strang besteht aus allen Karten mit einem Quadrat und einer enthält alle Karten mit einem Dreieck. Lassen Sie die Schüler die Stränge an einem Beispiel legen.

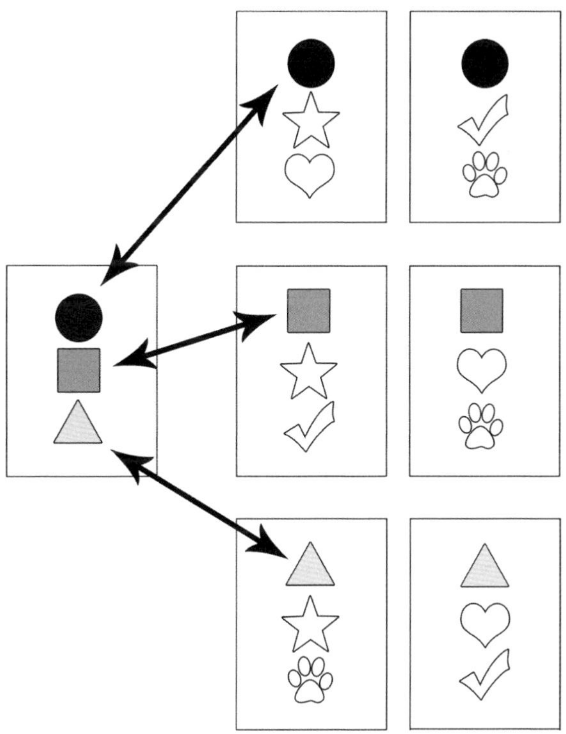

Formeln entdecken – Zwei sind gleich

TIPP

Als mögliche Hilfestellung, um dies zu erkennen, können Sie den Schülern die Ausgangskarte „Kreis-Quadrat-Dreieck" geben und sie jede der Formen in einer anderen Farbe **ausmalen** lassen. Dann werden auch alle anderen Kreise, Quadrate und Dreiecke im Spiel entsprechend eingefärbt.

Die Schüler sammeln z. B. diese Erkenntnisse beim Betrachten der Karten:

- → Jede Karte hat 3 Symbole.
- → Jedes Symbol taucht 3-mal im ganzen Spiel auf.
- → Es gibt insgesamt 7 Symbole.
- → Auf jeder Karte ist entweder ein Kreis, ein Quadrat **oder** ein Dreieck.
- → Es gibt nicht alle Motivkombinationen, z. B. keine Karten mit Kreis, Quadrat, Stern.
- → Es gibt auch keine Paarung von Symbolen 2-mal.

Zählt man die Anfangskarte nicht mit, enthält jeder Strang 2 Karten.

Die **erste dieser beiden Karten** in jedem Strang ist in unserem Beispiel durch den Stern als gemeinsames Symbol verbunden. Dieser ist somit auf je einer Karte zusammen mit Kreis, Dreieck oder Quadrat und darf auf den anderen Karten der Stränge nicht mehr auftauchen.
Das dritte Symbol auf diesen Karten muss nun jeweils ein anderes sein (Herz, Tatze und Häkchen), damit die 3 Karten mit Stern nicht noch ein zweites gleiches Symbol haben.

Die **zweite Karte** jedes Stranges benötigt nun noch je eine Verbindung zur jeweils ersten Karte der beiden anderen Stränge (dies sind die letzten Verbindungen, die noch fehlen).

Die zweite Karte aus dem „Kreis-Strang" erhält die Tatze aus dem „Dreieck-Strang" und das Häkchen aus dem „Quadrat-Strang". Die zweite Karte aus dem „Dreieck-Strang" enthält das Herz aus dem „Kreis-Strang" und das Häkchen aus dem „Quadrat-Strang". Die zweite Karte aus dem Quadrat-Strang erhält das Herz aus dem Kreis-Strang und die Tatze aus dem Dreieck-Strang.

Somit haben tatsächlich jeweils 2 beliebige Karten 2 gleiche Symbole.

BERECHNUNG DER KARTENANZAHL

Es gibt pro Motiv auf der Anfangskarte je einen Strang:
3 Motive pro Karte → 3 Stränge
In jedem Strang gibt es so viele Karten wie Motive pro Karte. Da jeder Strang aber dieselbe Ausgangskarte hat und diese nicht mehrfach gezählt werden darf, wird sie erst einmal von der Strang-Kartenanzahl abgezogen:
pro Strang: 3 Karten – 1 Anfangskarte
Die Anfangskarte wird zum Schluss wieder zur errechneten Anzahl dazu gezählt:
Kartenzahl = 3 Stränge × (3 Karten – 1 Karte) + 1 Ausgangskarte
$= 3 \times (3 - 1) + 1$

Bei n Motiven pro Karte ergibt sich für die maximale Kartenanzahl k:
$k = n \times (n - 1) + 1$

Spielkarten-Set

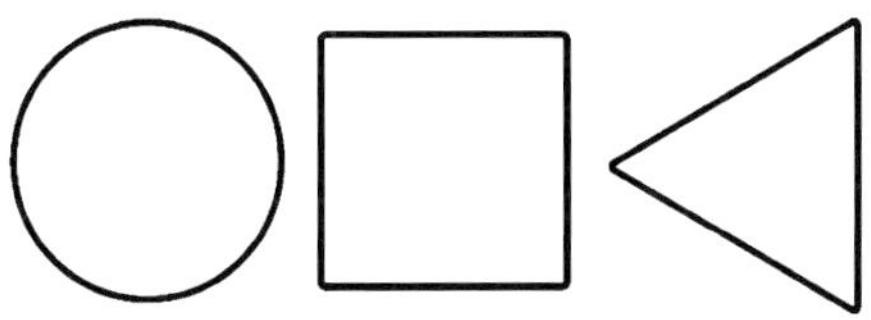

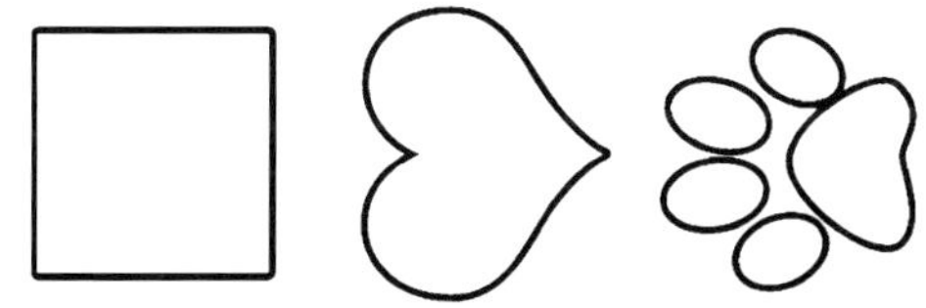

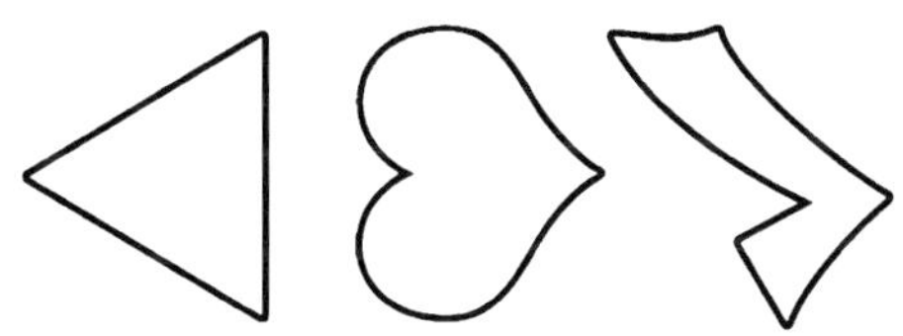

„Zwei sind gleich" – Spielregeln

Alle Karten werden in einem verdeckten Stapel bereitgelegt. Eine Person zieht verdeckt 2 Karten und legt sie, für alle aus der Gruppe gut sichtbar, mit der Bildseite nach oben auf den Tisch. Ziel von allen ist es, so schnell wie möglich das Symbol zu finden, welches auf beiden Karten abgebildet ist. Es ist tatsächlich bei allen Kartenkombinationen immer genau 1 Motiv gleich! Die Person, die dieses Symbol als erstes laut nennt, erhält einen Punkt.

Anschließend kommen die beiden Karten auf einen Ablagestapel und es werden 2 neue Karten aufgedeckt.

Ist nur noch eine Karte im Nachziehstapel, wird diese zusammen mit dem Ablagestapel gemischt, sodass ein neuer Nachziehstapel entsteht.

Wer nach einer zuvor festgelegten Anzahl von Runden die meisten Punkte hat, ist Champion.

Viel Spaß!

Parabeln – Der schiefe Wurf

WORUM GEHT'S?

An mehreren Stationen machen die Schüler eine erste Bekanntschaft mit der Form der Parabel, indem sie in drei verschiedenen Situationen mit Bällen und Wasserstrahlen eine **Wurfparabel** erzeugen.
Dies ist ein Experiment für **draußen**!

FÜR WEN?

Klassenstufe 9
Kleingruppenarbeit (4–6 Schüler) oder Vorführexperiment

WAS BRAUCHT MAN?

- 2 Bälle
- 1 Wasserpistole und 1 Nachfülleimer oder 1 Wasserschlauch mit Wasseranschluss
- evtl. 1–3 Fotoapparate mit Serienbildfunktion

für jede Kleingruppe:

- Papier
- Stifte

WIE VIEL ZEIT BRAUCHT MAN?

Vorbereitung: ca. 5 min
Durchführung: ca. 20 min

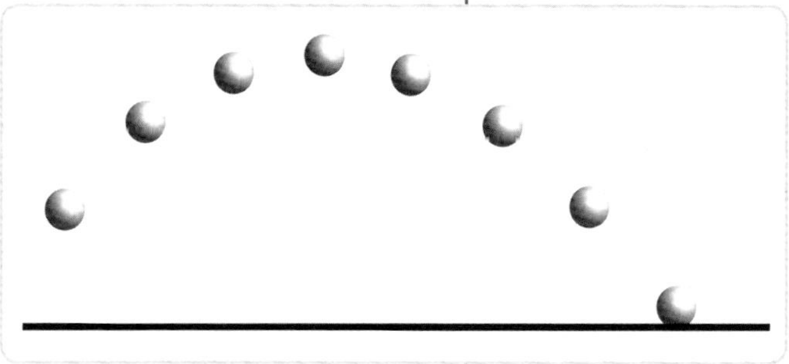

Was ist vorher zu tun?

Suchen Sie im Außenbereich einen geeigneten Ort mit viel Platz aus. Vorteilhaft ist ein Außenwasserhahn mit Gartenschlauch.

Jetzt geht's los

Die Schüler teilen sich in Kleingruppen auf. Bei einer großen Schülerzahl können die Stationen auch doppelt aufgebaut werden. Die Kleingruppen besuchen im **Rotationsprinzip alle 3 Stationen** und treffen sich dann zur Auswertung. Mithilfe von Fotoapparaten mit Serienbildfunktion können die Versuche auch aufgenommen werden.

Station 1
2 Personen stellen sich in mindestens 5 m Entfernung voneinander auf und spielen sich einen Ball so zu, dass er zwischen ihnen mehrmals auf den Boden prallt.
Die anderen Gruppenmitglieder zeichnen von der Seite aus die „Hüpfbahn" des Balles oder fertigen Serienaufnahmen an.

Station 2
Ein Ball wird schräg nach oben geworfen. Seine Flugbahn wird von der Seite beobachtet und aufgezeichnet.

Station 3
Ein Wasserstrahl wird schräg nach oben gespritzt. Von der Seite wird seine Laufbahn beobachtet und aufgezeichnet.

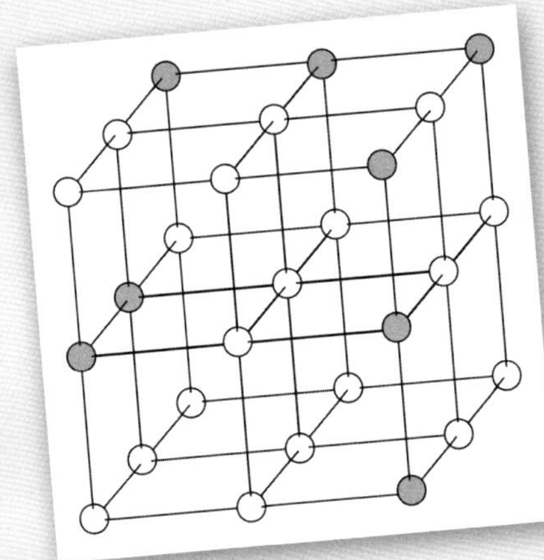

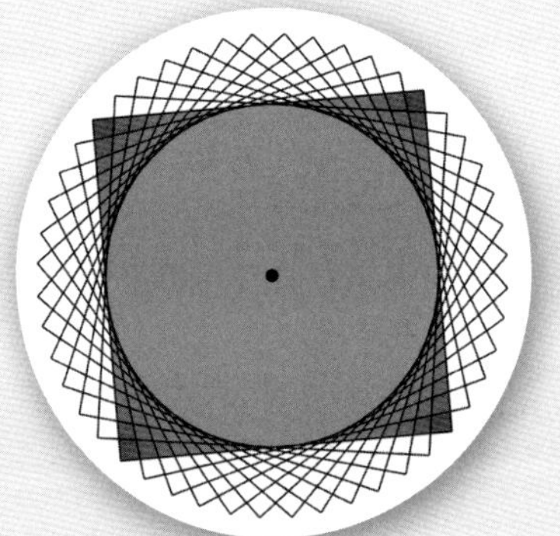

Geometrie

Quadratur des Kreises

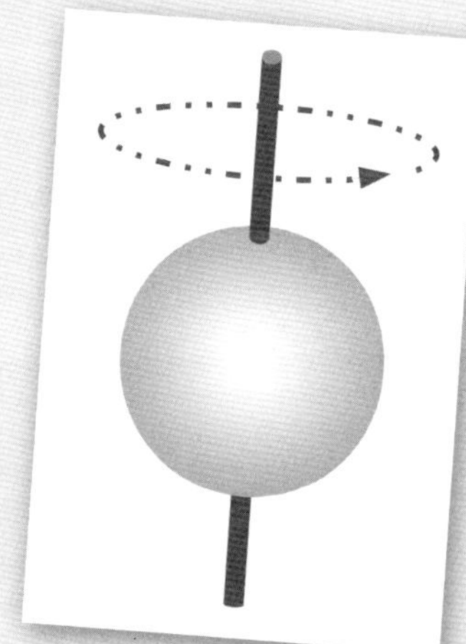

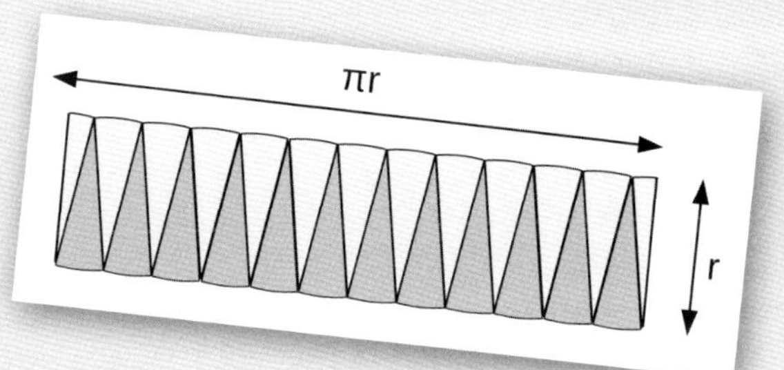

Parkettierung – Musterdesigner

WORUM GEHT'S?

Mit Parkettierung wird in der Mathematik eine sowohl lückenlose als auch überlappungsfreie **„Pflasterung"** mit gleichförmigen Flächen bezeichnet. Die Schüler legen selbst Parkettierungen mit einfachen geometrischen Grundformen.

FÜR WEN?

Klassenstufe 5
Kleingruppenarbeit (2–4 Schüler)

WAS BRAUCHT MAN?

- Vorlage „Parkettierung – geometrische Formen" (Kopiervorlage S. 109)

für jede Kleingruppe:

- 4 DIN-A3-Bögen Buntpapier oder Tonkarton in verschiedenen Farben
- Klebestreifen

für jeden Schüler:

- 1 Stift
- 1 Schere
- 1 Lineal oder 1 Geodreieck
- 2–3 weiße DIN-A3-Blätter
- 1 Stück farbiges quadratisches Papier (ca. 10 cm × 10 cm)

WIE VIEL ZEIT BRAUCHT MAN?

Vorbereitung: ca. 5 min (evtl. zzgl. Zeit für eine Bildrecherche)
Durchführung: 30–45 min

Was ist vorher zu tun?

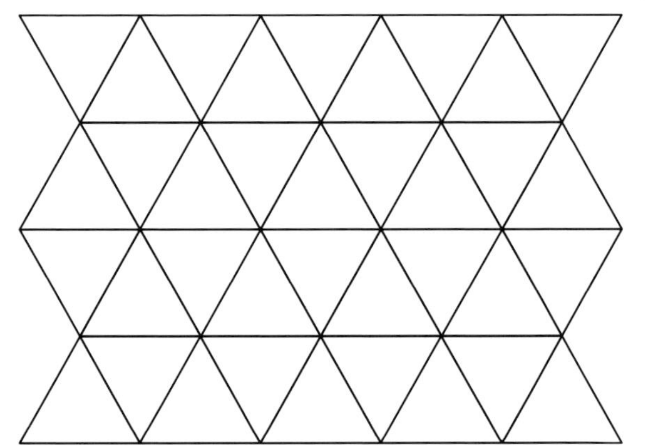

Kopieren Sie die Vorlage „Parkettierung – geometrische Formen" (S. 109) pro Kleingruppe mindestens 4-mal auf DIN-A3-Papier oder Tonkarton in verschiedenen Farben. Die Farbanzahl entscheiden Sie nach Geschmack und verfügbarem Material. Zerschneiden Sie die Vorlagen entweder selbst in die einzelnen Formen oder überlassen Sie dies den Schülern.

Jetzt geht's los

PARKETTIEREN MIT EINFACHEN GRUNDFORMEN

Die Kleingruppen sollen nun die Fläche eines DIN-A3-Blattes mit mehreren **gleichen** geometrischen Formen auslegen, und zwar so, dass keine Lücken im Muster entstehen, aber auch keine Formen einander überlappen. (Das Muster muss dabei nicht genau mit dem Rand des Blattes abschließen.)
Fragen Sie die Schüler, ob es Formen gibt, mit denen verschiedene Muster ohne Lücke gelegt werden können.

Parkettierung – Musterdesigner

WISSENSWERTES

Es gibt auch in der Natur Beispiele für Parkettierungen, z. B. sechseckige **Bienenwaben**. Die Bienen bauen eigentlich runde Waben, die dann zu den lückenlosen Sechsecken verschmelzen.

TIPP

Nach den ersten selbstständigen Tests können Sie der Klasse Bilder von existierenden Parkettierungen zeigen. Besonders schöne Beispiele finden sich z. B. im Internet bei der Bildsuche nach Fußböden der Antike, der Renaissance und des Barock.

Viele Parkettierungen bestehen auch aus mehreren verschiedenen Grundformen, z. B. Achtecken im Verbund mit Vierecken.

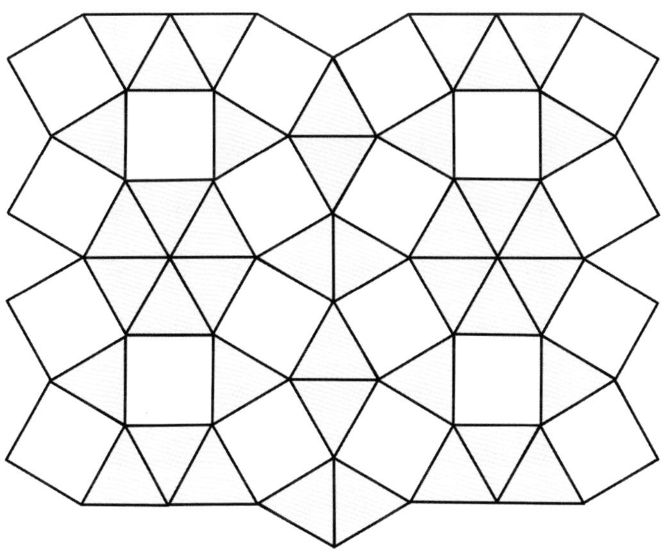

HERSTELLEN EIGENER FORMEN

Jeder Schüler bekommt ein **quadratisches** Blatt farbiges Papier oder Fotokarton und benötigt Schere und Klebstreifen, einen Stift und ein DIN-A3-Blatt.

Er startet an einer Seite des farbigen Papiers, schneidet hier von der oberen zur unteren Ecke ein Stück in einer beliebigen Form heraus und legt es an der **gegenüberliegenden** Seite wieder an. Nun kann noch von einer der übrigen beiden Seiten ein Teil weggenommen und wieder an der gegenüberliegenden Seite angefügt werden.

Die so entstandene Figur wird nun an den Fügestellen mit Klebestreifen auf Stoß zusammengeklebt. (Nicht überlappend kleben, sonst klappt das Parkettieren evtl. nicht mehr richtig!)

Nun kann die Figur dem Schüler als Schablone für das eigene Parkett dienen.

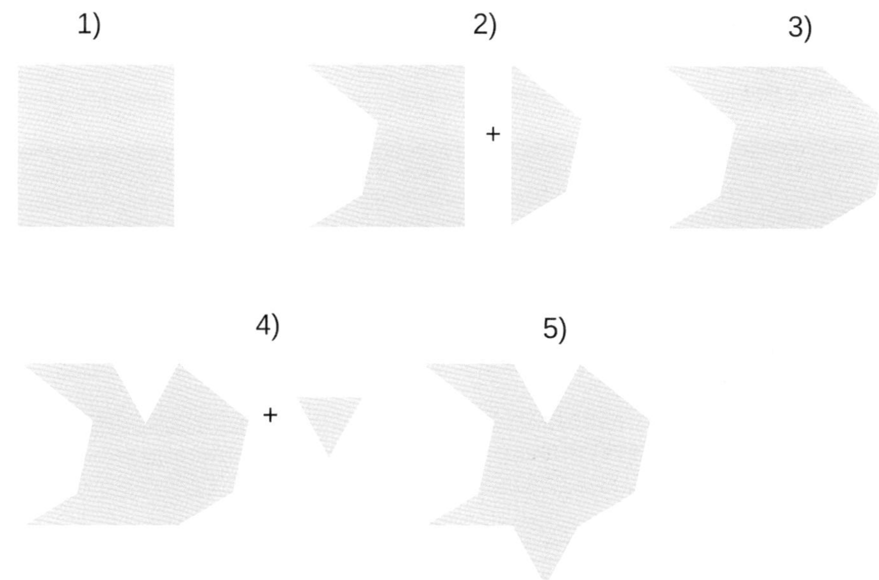

Parkettierung - Musterdesigner

PARKETTIEREN MIT EIGENEN FORMEN

Das entstandene „Parkettstück" kann nun wieder als **Schablone** für das Füllen einer Fläche dienen, indem die Schüler die Form auf ein weißes Blatt legen und die Kanten nachzeichnen. Anschließend legen sie die Form an die gezeichnete an und ziehen wieder die Kanten nach usw.

Für eine Art Borte wird die Form mehrfach in einer Reihe hintereinandergelegt und nachgezeichnet.

Die Ergebnisse der Schüler können dann alle zusammen betrachten und die mögliche Vielfalt bestaunen.

WISSENSWERTES

Diese Methode des Ausschneidens und Anlegens wird Knabbertechnik genannt, weil an der Ausgangsform sozusagen „geknabbert" wird.

VARIANTE 1

Statt die Schablone nur immer wieder auf Papier zu zeichnen, können die Schüler auch aus verschiedenfarbigem Papier mehrere gleiche „Parkettstücke" ausschneiden und sie zu einem **Muster** zusammenlegen.

VARIANTE 2

Mit der Knabbertechnik können auch z. B. **Tierformen** u. Ä. geschaffen werden.

VARIANTE 3

Als Ausgangsform für die Knabbertechnik kann man auch andere Grundformen nutzen, welche an sich schon eine Fläche ohne Lücke ausfüllen, z. B. ein gleichseitiges **Dreieck** oder ein **Sechseck**. Welche Regeln hier für das „Wegnehmen" und „Anfügen" gelten, können die Schüler in Versuchen selbst herausfinden.

Parkettierung – geometrische Formen

Kongruenzabbildungen – In Haus und Hof

WORUM GEHT'S?

Zu den Kongruenzabbildungen gehören die **Verschiebung**, die **Drehung** und die **Spiegelung**. Um die Anwendung von Verschiebung, Drehung und Spiegelung zu üben und etwas bewegter zu gestalten, kann man sich vorhandene Anordnungen von Gegenständen im Klassenraum oder auf dem Hof zunutze machen und reale Gegenstände aufeinander abbilden.

FÜR WEN?

Klassenstufe 6
Kleingruppenarbeit (2–4 Schüler)

WAS BRAUCHT MAN?

- Stühle, Tische, Hofbänke o. Ä.

für jede Kleingruppe:

- 1 Zollstock
- 2–3 Knäuel Wolle oder Schnur
- 1 Stück Kreide
- evtl. 1 großes Geodreieck o. Ä.

WIE VIEL ZEIT BRAUCHT MAN?

Vorbereitung: ca. 15–20 min
Durchführung: ca. 30–45 min

Was ist vorher zu tun?

Diese Übung kann drinnen oder draußen durchgeführt werden.

„INDOOR"-VARIANTE

Schieben Sie einige Stühle und Tische so hin, dass immer zwei Gegenstände durch Verschiebung, Spiegelung oder Drehung aufeinander abgebildet sind. Vielleicht gibt es auch andere Räumlichkeiten im Gebäude, die interessante Gegebenheiten bieten (Geschirrwagen im Essensraum? Spinde auf den Fluren? ...).

„OUTDOOR"-VARIANTE

Passend hierfür sind Bereiche, in welchen sich ähnliche oder gleiche Gegenstände in nicht zu großer Entfernung voneinander befinden, wie Sitzecken mit Bänken, Mülleimern, Pflanzen, Tischtennisplatten o. Ä. Sie können bei passendem Untergrund auch mit Kreide große Formen auf den Schulhofboden zeichnen, die auf eine andere Bodenzeichnung oder einen Gegenstand abgebildet werden sollen.

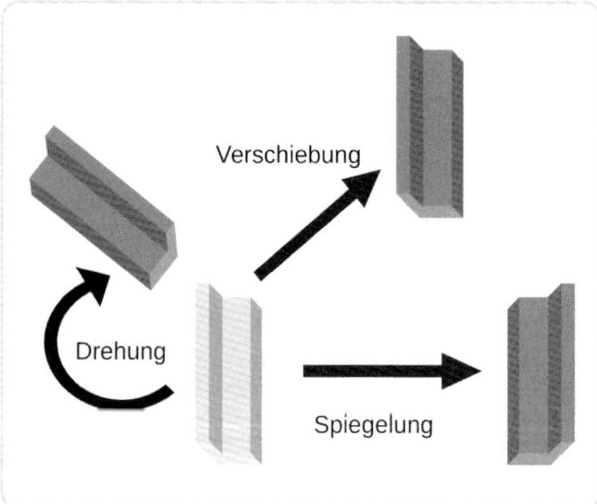

Zur Darstellung von **Spiegelungen** bieten sich generell besonders Stühle, Bänke oder andere Dinge an, die eindeutig verschiedene Seiten haben (z. B. eine Seite mit und eine ohne Lehne).
Um mit **Drehungen** zu arbeiten, deren Drehpunkt sich in größerer Entfernung zum abzubildenden Gegenstand befindet, kann ein Wollfaden als Riesenzirkel genutzt werden.

Kongruenzabbildungen – In Haus und Hof

Jetzt geht's los

Die Schüler teilen sich in Kleingruppen auf. Jeder Gruppe werden je zwei gleiche Gegenstände gezeigt und die Schüler erhalten folgende Aufgabe:

LEICHTERE VARIANTE

Zwei Gegenstände sind so angeordnet, dass sie sich (ohne sie zu bewegen) durch Verschieben (oder Drehen oder Spiegeln) auf den jeweils anderen abbilden lassen. Die Schüler sollen herausfinden:

- → in welche Richtung und um welchen Abstand man Gegenstand 1 verschieben müsste, um ihn in die Position von Gegenstand 2 zu bringen **(Verschiebung)**.
- → wo die Spiegelachse verläuft, wenn man Gegenstand 1 auf Gegenstand 2 spiegeln möchte **(Spiegelung)**.
- → wo sich der Drehpunkt befindet, wenn man Gegenstand 1 auf Gegenstand 2 abbilden möchte **(Drehung)**.

SCHWERERE VARIANTE

Nun sollen die Schüler herausfinden, ob der eine Gegenstand durch **Verschiebung, Spiegelung oder Drehung** auf den anderen Gegenstand abgebildet werden kann – und zwar ohne diesen zu bewegen.

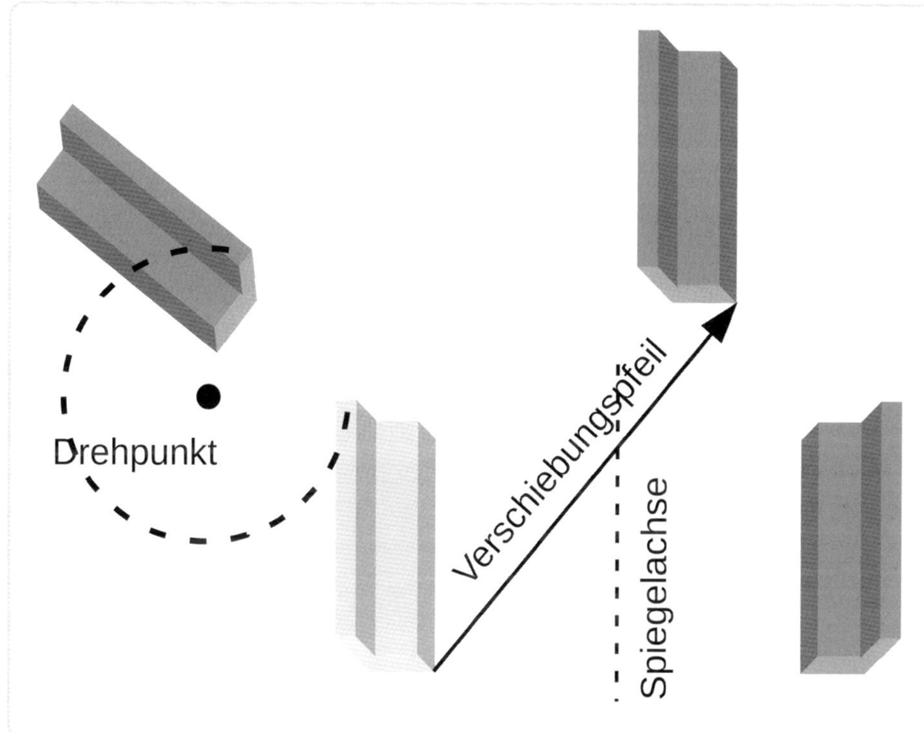

VARIANTE

Die Aufgabe können Sie auch so stellen, dass Sie der Kleingruppe einen Gegenstand zeigen, zu dem die Schüler den zweiten Gegenstand finden sollen, der das Bild zum ersten darstellt. Als Anhaltspunkt nennen Sie den Schülern eine Längenangabe mit z. B. einer Himmelsrichtung, einen Drehpunkt mit oder ohne Winkelangabe oder eine Spiegelachse.
Diese Variante ist besonders interessant, wenn in der Nähe mehrmals derselbe Gegenstand steht (z. B. Stühle im Klassenraum).

DIN-Maße – Papier im Verhältnis

WORUM GEHT'S?

Ob in der Schule, im Beruf oder im Alltag – ständig umgibt uns Papier im DIN-A-Format, doch die wenigsten wissen mehr über DIN A4, DIN A3 usw. Ein kleines Experiment veranschaulicht das Verhältnis der Formate einer DIN-A-Reihe zueinander und führt ein in die Themen **Ähnlichkeit** und **Strahlensätze**.

FÜR WEN?

Klassenstufe 8
Gruppenarbeit (3–4 Schüler)

WAS BRAUCHT MAN?

für jede Kleingruppe:

- 2 DIN-A3-Blätter
- 1 Schere
- 1 langes Lineal
- 1 Stift und 1 Taschenrechner

WIE VIEL ZEIT BRAUCHT MAN?

Vorbereitung: 0–5 min
Durchführung: 15–20 min

Was ist vorher zu tun?

Bei Bedarf können Sie eine Übersicht über die verschiedenen DIN-Formate vorbereiten.

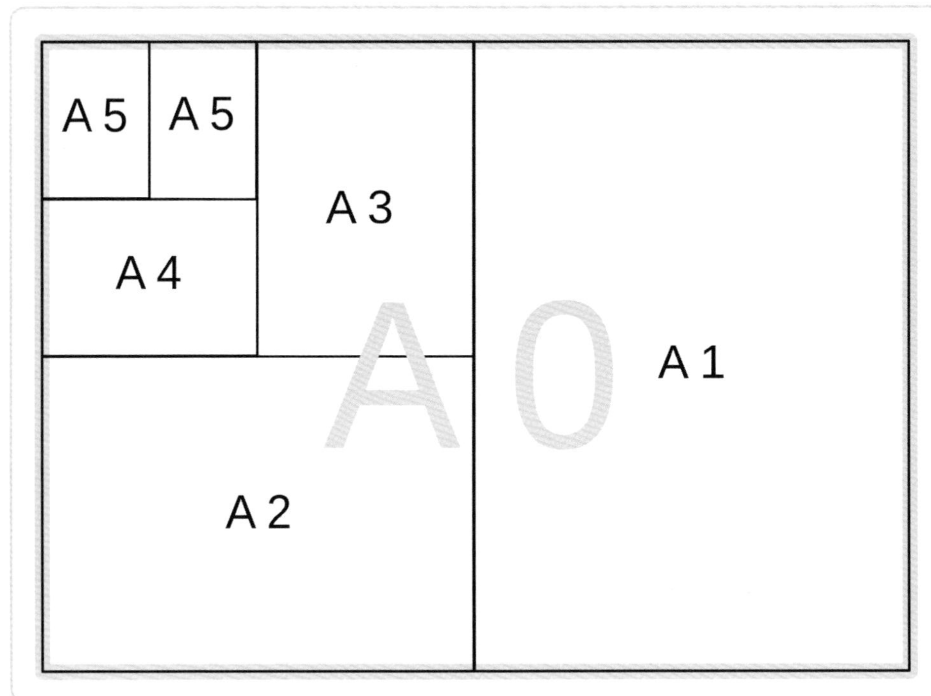

Jetzt geht's los

DIN-A-BLÄTTER ZUSCHNEIDEN

Jede Gruppe erhält ein DIN-A3-Blatt und faltet es entlang der **kurzen** Mittellinie so, dass die kurzen Kanten aufeinanderliegen. Dann schneidet sie das Blatt möglichst genau an der Faltkante auseinander. (Falls benötigt, können hier auch Stift und Lineal unterstützen.) Von den entstandenen DIN-A4-Blättern wird wiederum eins mit den kurzen Kanten aufeinandergefaltet und in 2 DIN-A5-Blätter zerschnitten. Eins dieser Blätter wird nun noch einmal in 2 Blätter im DIN-A6-Format geteilt.

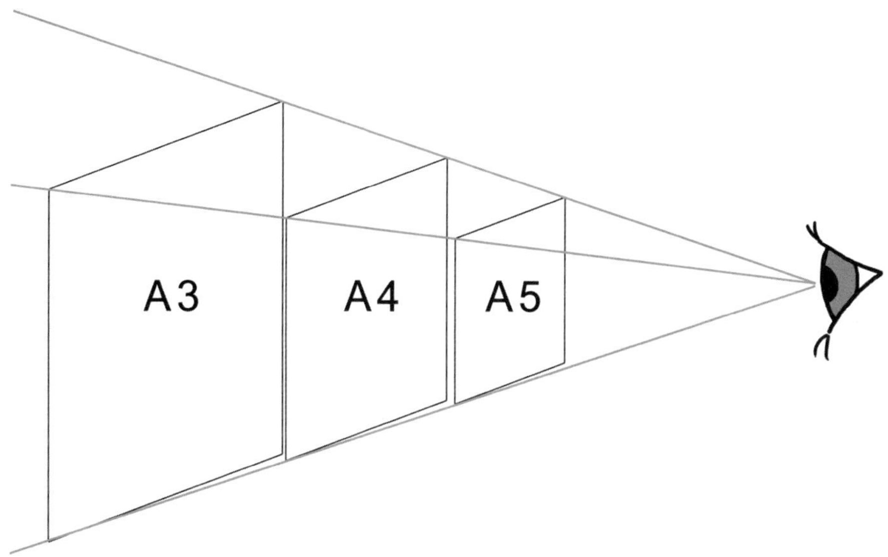

ÄHNLICHKEIT DER DIN-A-FORMATE

Eine Person aus jeder Gruppe stellt sich hin und schließt ein Auge. Die anderen Gruppenmitglieder halten vor dieser Person zunächst mit ca. einem halben Meter Abstand ein DIN-A6-Papier in die Höhe. Dahinter halten sie das DIN-A5-Papier, das DIN-A4- und das DIN-A3-Blatt. Nun dirigiert die „schauende" Person die anderen so, dass alle Blätter aus ihrer Sicht **gleich groß** aussehen und sich gegenseitig hintereinander genau verdecken. (Alternativ können die Blätter auch nebeneinander in einer Reihe angeordnet werden, sodass alle gleich groß aussehen.)

Zur Beschreibung dieses Phänomens können Sie nun den Begriff der **Ähnlichkeit** einführen.

Lassen Sie die Schüler nun auch andere Rechteckformate auf diese Weise untersuchen. Dabei stellen die Schüler fest, dass nur wenige Rechtecke durch mehrfaches Halbieren zu zueinander ähnlichen Rechtecken führen – wie die Formate der anderen DIN-Serien (B, C, D).

DIN-Maße – Papier im Verhältnis

VARIANTE

Erweiternd kann das Experiment auch mit den Formaten von z. B. A1 bis A8 als gemeinsames Experiment mit größeren Gruppen durchgeführt werden.

SEITENVERHÄLTNISSE

Geben Sie den Tipp, dass das Verhältnis der **Seitenlängen** das entscheidende Kriterium ist – wenn die Schüler nicht von selbst darauf kommen.
Um das genaue Verhältnis zwischen den Seitenlängen zu ermitteln, misst jede Gruppe nun die Kanten der verschiedenen Blätter und teilt die Länge der längeren Seite durch die der kürzeren Seite (ggf. mit dem Taschenrechner). Dieses Seitenverhältnis ergibt (aufgerundet) stets denselben Wert, und zwar ca. 1,41. (Höhere Klassen erkennen hierin die **Wurzel aus 2**.)

Mit dem Wissen, dass die Seitenverhältnisse bei einer Verdopplung bzw. Halbierung eines DIN-Rechtecks gleich bleiben, können Sie nun auf die **zentrische Streckung** hinführen.

STRAHLENSÄTZE

Hält man die Blätter beim Experiment hintereinander, kann man auch den Abstand vom Auge der „schauenden" Person zu den Ecken der Blätter sowie die Abstände der Ecken der einzelnen Blätter zueinander ausmessen.

Die Schüler suchen nach Zusammenhängen zwischen den Blattgrößen und diesen Abständen.
Dies bietet Ihnen die Möglichkeit, die **Strahlensätze** einzuführen.

WISSENSWERTES

Ein Papier der Größe DIN A0 hat eine Fläche von 1 m^2.
Die DIN-Reihen für Papierformate wurden in Deutschland 1922 festgelegt, aber schon während der Französischen Revolution gab es Papier mit diesen Maßen.

Vergrößern und Verkleinern – Im Raster

WORUM GEHT'S?

Übungen mit Figuren in einem Raster ermöglichen einen spielerischen Einstieg in das maßstäbliche Vergrößern und Verkleinern.

FÜR WEN?

Klassenstufe 5
Einzelarbeit

WAS BRAUCHT MAN?

- Blankoraster „Vergrößern/Verkleinern" (Kopiervorlage S. 117)
- DIN-A4-Papier
- 1 etwas breiterer dunkler Stift

für jeden Schüler:

- 1 Bleistift
- 1 Lineal oder 1 Geodreieck
- evtl. 1 Zirkel

WIE VIEL ZEIT BRAUCHT MAN?

Vorbereitung: ca. 5 min pro Blatt (die Blätter sind wiederverwendbar)
Durchführung: ca. 5–10 min pro Blatt

Was ist vorher zu tun?

Kopieren Sie einmal das Blankoraster „Vergrößern/Verkleinern" (S. 117) und zeichnen Sie eine Form oder Figur in das linke obere Feld (hellgrau) – diese kann in der Übung im Maßstab 2 : 1 und 3 : 1 vergrößert werden.
Oder Sie zeichnen eine Figur in das linke untere Feld (dunkelgrau) – diese kann in der Übung im Maßstab 1 : 2 verkleinert und im Maßstab 1,5 : 1 vergrößert werden.
Dann kopieren Sie Ihre gezeichnete Vorlage für die jeweilige Anzahl von Schülern.

Die Linien der Raster haben folgende Abstände:

- hellgrau: 10 mm,
- dunkelgrau: 20 mm,
- schwarz: 30 mm.

So kann bei der Übung nicht nur durch das Auszählen von Kästchen vergrößert bzw. verkleinert werden, sondern auch durch **Ausmessen** und **Berechnen** von Längen.

TIPP

Je nach Bedarf können Sie Blätter mit verschiedenen Schwierigkeitsgraden erstellen, z. B.:
Level 1: Zeichnungen nur mit senkrechten und waagerechten Linien
Level 2: Zeichnungen auch mit schrägen Linien
Level 3: Zeichnungen auch mit Kreisen oder Kreisbögen

Vergrößern und Verkleinern – Im Raster

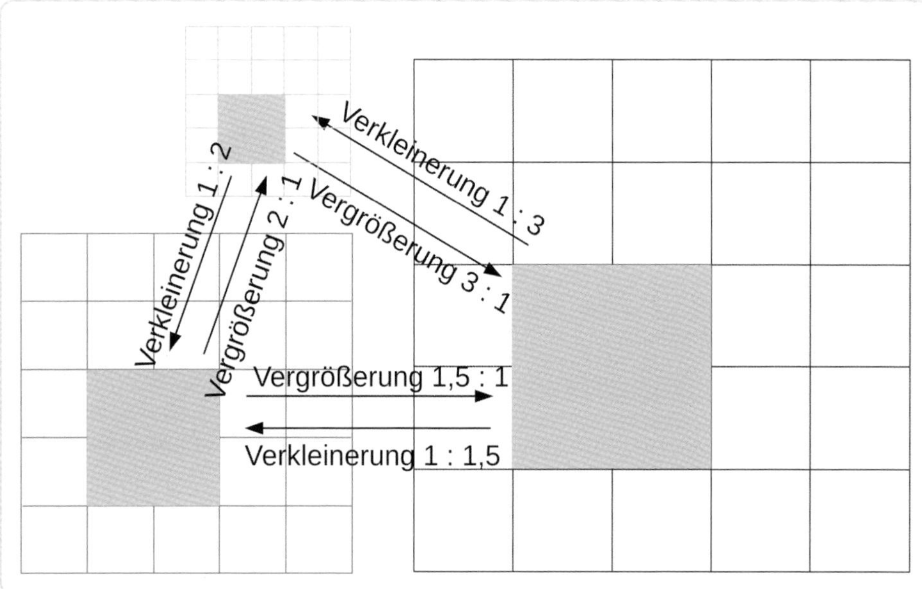

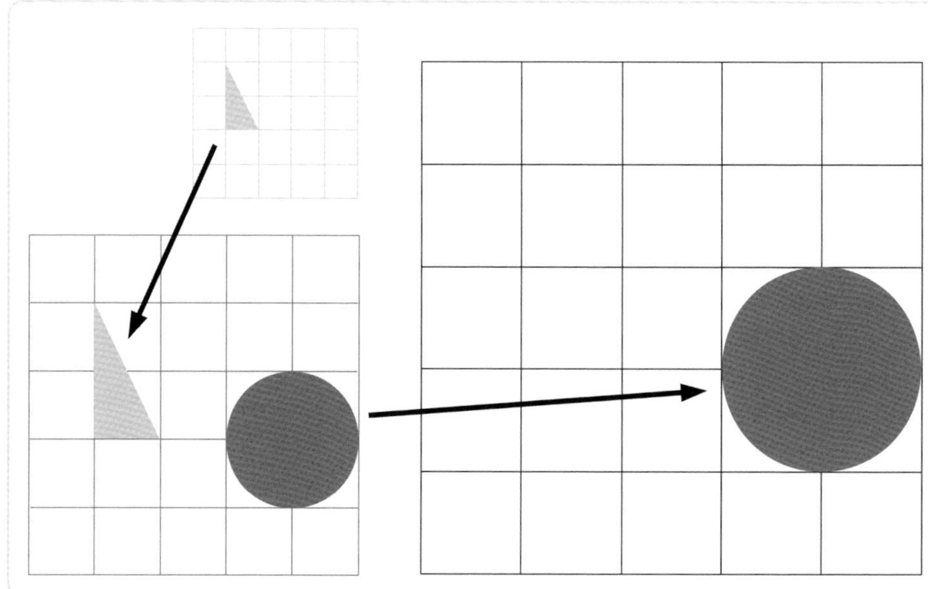

Jetzt geht's los

Jeder Schüler erhält eine Kopie und die Aufgabe, die vorgegebene Form oder Figur in die beiden leeren Raster **vergrößert oder verkleinert zu übertragen**. Geben Sie den Maßstab vor.
Unabhängig davon, ob ein Schüler nun zunächst Kästchen auszählt oder die Längen der Linien ausmisst und berechnet, entwickelt sich nach und nach (auch über gemachte Fehler) ein Verständnis für die Zusammenhänge bei maßstäblichen Vergrößerungen und Verkleinerungen.
Die Schüler können nach ersten Übungen auch eigene Zeichnungen im Blankoraster erstellen, welche sie dann selbst skalieren oder als Kopiervorlage für andere zur Verfügung stellen können.

VARIANTE

Um ein wieder entfernbares Raster auf einer Form zu erhalten, können Sie eine Rasterfolie nutzen. Hierfür zeichnen Sie ein Raster z. B. mit einem dünnen DVD-Stift auf eine Klarsichthülle.
Dieses Raster können Sie dann über die Form legen.

Vergrößern/Verkleinern

Winkel messen und zeichnen – Billard

WORUM GEHT'S?

Durch Knobelaufgaben mit Beispielen aus dem Billard üben die Schüler das Messen und Einzeichnen von Winkeln. Hierfür ist es hilfreich, das Reflexionsgesetz zu kennen: „Einfallswinkel = Reflexionswinkel".

FÜR WEN?

Klassenstufe 5–6
Einzelarbeit

WAS BRAUCHT MAN?

- Vorlage „Winkel-Billard" (Kopiervorlage S. 120)

für jeden Schüler:

- 1 DIN-A3-Blatt
- 1 Stift
- 1 Geodreieck

WIE VIEL ZEIT BRAUCHT MAN?

Vorbereitung: 5–10 min
Durchführung: 15–20 min

Was ist vorher zu tun?

Kopieren Sie die Abbildung „Winkel-Billard" (Kopiervorlage S. 120) für alle Schüler auf je ein DIN-A3-Blatt.
Alternativ können Sie natürlich auch **eigene Übungsbeispiele** auf ein leeres DIN-A3-Blatt zeichnen und diese dann ebenfalls für alle Schüler kopieren.
Bei den Beispielen sollte stets klar sein, in welche Richtung die weiße Kugel gestoßen wird.

Sie können auch in ein weiteres Blatt die Lösungen einzeichnen und diese dann zum Abgleich ebenfalls für die Schüler kopieren.

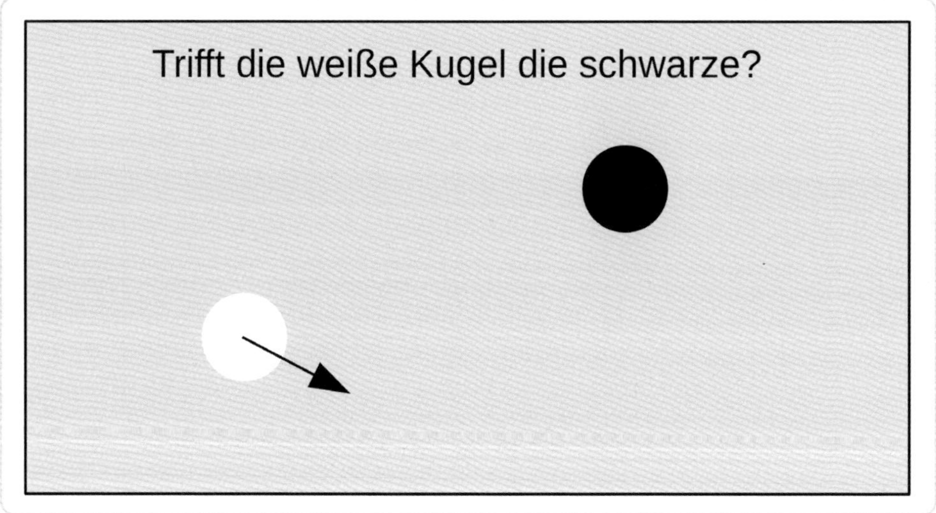

Winkel messen und zeichnen – Billard

Jetzt geht's los

Falls den Schülern das Reflexionsgesetz noch nicht bekannt ist, können Sie den Zusammenhang zwischen Einfallswinkel und Reflexionswinkel mit einer kleinen Skizze erläutern:

Der Einfallswinkel (der Winkel, unter dem die Kugel auf die Bande prallt) **ist genau so groß wie der Reflexionswinkel** (der Winkel, in dem die Kugel nach dem Aufprall weiterrollt).
Gemessen wird dabei jeweils der Winkel zwischen der „Rolllinie" und dem Lot auf die Bande.

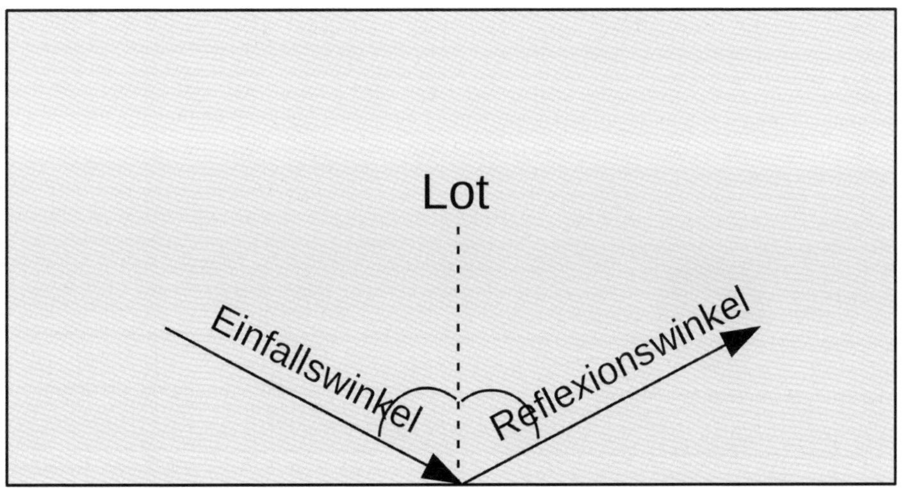

Die Schüler erhalten nun je eine Kopie mit den Übungen und folgende Aufgabe: *Zeichnet den Weg der weißen Kugel ein, wenn sie in die angegebene Richtung rollt. Trifft sie auf diese Weise die Kugel mit der Nummer X?* (An die Stelle von X setzen Sie die entsprechende Kugelnummer aus der jeweiligen Übung.)

Geben Sie bei Bedarf den Tipp, dass die weiße Kugel auch mehrfach an der Bande reflektiert werden kann.

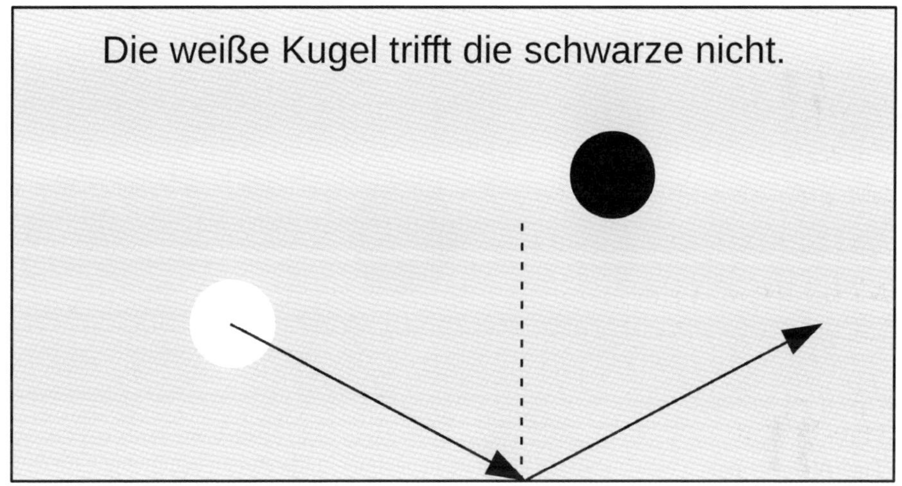

VARIANTE 1

Besonders spannend wird es natürlich, wenn Sie für diese Übung z. B. einen kleinen Spielzeug-Billard-Tisch organisieren können.

VARIANTE 2

Bei einer etwas schwierigeren Variante ist nicht eingezeichnet, in welche Richtung die weiße Kugel gestoßen wird, sondern es ist nur ihre Lage bekannt. Auf dem Tisch befinden sich noch weitere Kugeln. Diejenige Kugel, die getroffen werden soll, ist markiert und kann nicht durch eine gerade Linie von der weißen Kugel erreicht werden, sondern nur über die Reflexion an der Bande. In welche Richtung müsste die weiße Kugel gestoßen werden?

Kopiervorlage

Winkel-Billard

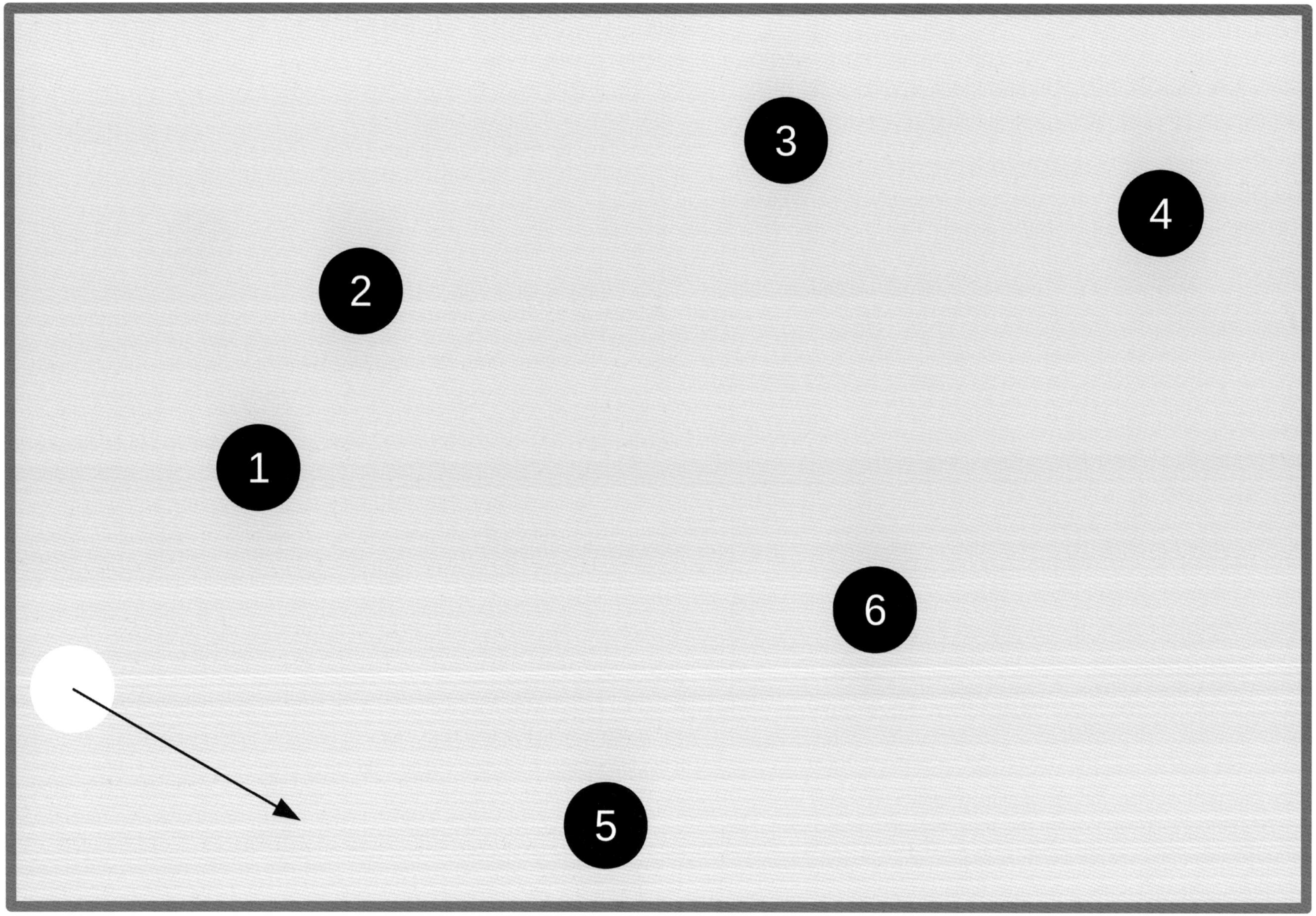

Flächeninhalt und Umfang – Formenzauber

WORUM GEHT'S?

Ist in allen Figuren, die denselben Umfang haben, auch gleich viel Platz im Inneren? Mit einem einfachen, aber verblüffenden Experiment nähern sich die Schüler der Erkenntnis, dass trotz gleichen Umfangs verschieden viel in unterschiedliche Formen passt und dass der **Kreis** im Vergleich zu anderen Figuren **bei gleichem Umfang den größten Flächeninhalt** hat.

FÜR WEN?

Klassenstufe 5

Gruppenarbeit für 3 Gruppen

WAS BRAUCHT MAN?

- → 1 DIN-A3-Blatt
- → Murmeln oder Perlen (evtl. 3 verschiedene Farben)
- → 3 Rollen Klebefilm
- → 3 Scheren
- → 2 lange Lineale oder 2 Maßbänder

WIE VIEL ZEIT BRAUCHT MAN?

Vorbereitung: ca. 5 min

Durchführung: ca. 15–20 min

Was ist vorher zu tun?

Schneiden Sie von dem DIN-A3-Papier 6 ca. 30 cm lange und ca. 2 cm breite Streifen ab. Kleben Sie mit Klebestreifen immer jeweils 2 der Streifen zu solchen mit 60 cm Länge zusammen. Legen Sie den Klebefilm, die Schere, die Lineale und die Murmeln bereit.

Jetzt geht's los

KREIS, DREIECK UND QUADRAT FORMEN

Die Schüler bilden 3 Forschungsgruppen. Jede Gruppe erhält einen der 60-cm-Streifen.
Gruppe 1 klebt die Enden ihres Streifens mit Klebeband Stoß auf Stoß zusammen, sodass ein Ring bzw. **Kreis** entsteht.
Gruppe 2 soll ihren Streifen ebenfalls Stoß auf Stoß zusammenkleben, formt aber ein **gleichseitiges Dreieck** daraus. Hierfür erhält sie ein langes Lineal. Ob Sie den Schülern die Information geben, dass die Faltabschnitte dafür 20 cm lang sein müssen, liegt bei Ihnen.
Gruppe 3 soll ihren zusammengeklebten Streifen zu einem **Quadrat** formen.
Sie erhält ebenfalls ein Lineal und evtl. die Längenangabe 15 cm.

FORMEN FÜLLEN

Es startet die Gruppe mit dem **Dreieck**: Sie füllt die Form mit Murmeln, sodass alle nebeneinander, und keine übereinanderliegen. Es dürfen nur so viele Murmeln hinein, dass die Form sich nicht verändert oder wölbt. Die anderen Gruppen beobachten jeweils die aktive Gruppe.

Flächeninhalt und Umfang – Formenzauber

Ist die Form gefüllt, entnimmt Gruppe 1 die Murmeln wieder und gibt sie weiter an Gruppe 2. Diese füllt die Murmeln nun in die **quadratische Form**. Was fällt auf? In der Form ist noch Platz für weitere Murmeln. Gruppe 2 füllt nun weitere Murmeln hinein, bis auch ihre Form gefüllt ist.

Dann gibt Gruppe 2 die Murmeln aus dem Quadrat an Gruppe 3 weiter, welche sie in die **Kreisform** füllt. Wieder ist noch Platz für weitere Murmeln. Auch Gruppe 3 ergänzt mit weiteren Murmeln, bis die Kreisform gefüllt ist.

TIPP

Verwenden Sie Murmeln in verschiedenen Farben, um diejenigen, die im Viereck und im Kreis jeweils dazukommen, für die Schüler unterscheidbar zu machen.

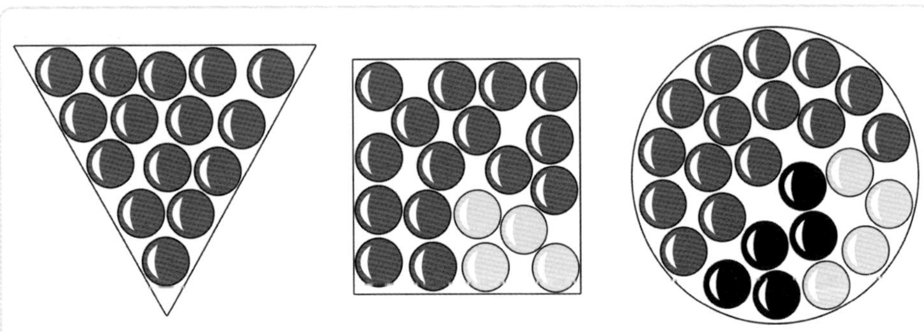

ALLES WIRD ZUM KREIS

Lassen Sie die Schüler die Dreiecks- oder Vierecksform so lange weiter mit Murmeln bestücken, bis sie sich wölbt und ebenfalls annähernd eine Kreisform annimmt.

Mit weiteren Papierstreifen derselben Länge können die Schüler weitere Formen basteln und mit Murmeln füllen und sich davon überzeugen, dass keine Form mehr Murmeln fasst als der Kreis.

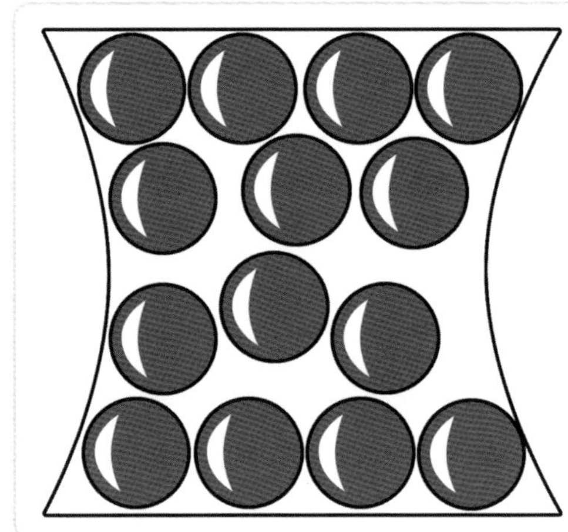

VARIANTE

Das Experiment kann ebenso in **„lebensgroß“** durchgeführt werden. Dafür werden 2 Springseile an beiden Enden aneinandergeknotet und zunächst in Dreiecksform auf den Boden gelegt. Diesmal treten die Schüler in die Figur und füllen diese. Danach wird das Ganze mit dem Quadrat und Kreis wiederholt. Wie viele Schüler passen in diese Figuren?

Achten Sie bei der Übung darauf, dass sich die Schüler wohlfühlen und ihnen die Körpernähe nicht unangenehm wird.

Längenmaße - Mit Hand und Fuß

WORUM GEHT'S?

Die Schüler messen Gegenstände aus, indem sie eigene Körperteile als Maßeinheit nehmen. Verschiedene Schüler erhalten dabei unterschiedliche Ergebnisse und erkennen, dass sich nicht jedes Körperteil für jeden Gegenstand eignet, beide müssen in der Größenordnung zueinander passen.

FÜR WEN?

Klassenstufe 5
Einzel- oder Partnerarbeit

WAS BRAUCHT MAN?

- 2 Bücher (gleich oder unterschiedlich groß)
- verschiedene „größengenormte" Gegenstände, z. B. LEGO-Steine, DIN-A4-Blätter, Taschentuchpackungen ...
- Sichtschutz, z. B. Tafel, Tuch, oder Nebenraum, z. B. Flur
- verschiedene Messinstrumente, z. B. Lineal, Zollstock, Maßband ...

WIE VIEL ZEIT BRAUCHT MAN?

Vorbereitung: keine
Durchführung: ca. 45 min

Was ist vorher zu tun?

Bei dieser Übung ist keine Vorbereitung notwendig.

Jetzt geht's los

WOMIT KANN MAN MESSEN?

Zum Einstieg sammelt die Gruppe Vorschläge, womit man die Länge, Breite oder Höhe von etwas messen kann, wenn man keine Messgeräte dabeihat.
Wurden einige Ideen gesammelt, erhält jedes Kind bzw. jedes 2er-Team die Aufgabe, 2 selbst gewählte Teile des Raumes oder des Mobiliars zu vermessen (z. B. Tisch, Wand ...). Zum Messen dürfen nur Teile des eigenen Körpers eingesetzt werden. (Regen Sie die Schüler auch zu **kreativen** Ideen an, z. B. Nasenbreite, Schulter- oder Kopfbreite mit einzubeziehen.)

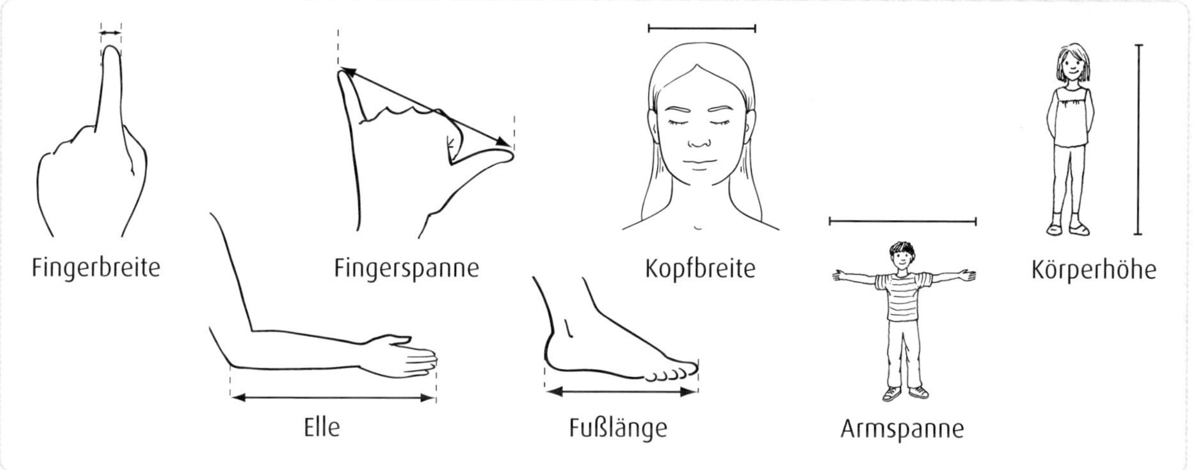

Abbildungen: alle © Dorothee Wolters, außer Armspanne und Körperhöhe: © Astrid Wilkesmann

Längenmaße – Mit Hand und Fuß

MESSEN MIT KÖRPERMASSEN

Nun geht es einzeln oder in 2er-Teams ans Messen der gewählten Dinge und jeder Schüler schreibt seine Ergebnisse auf, z. B.:

- Tischlänge = 13 Handlängen,
- Tischbreite = 5 Handlängen.

Nach dem Messen erfolgt ein gemeinsamer Austausch zur Frage, mit welchen Körpermaßen sich welche Dinge gut messen ließen. Hat z. B. jemand eine Wand mit der Maßeinheit Fingerbreite ausgemessen oder die Stuhlbreite mit einer Armspanne? So sehen die Schüler, dass es praktischer ist, wenn Maßeinheit und zu messende Länge in der Größenordnung zueinander passen.

Die gewonnene Erkenntnis ist dann:
Um **verschieden große Dinge** oder Abstände zu messen, sind auch **verschieden große Maßeinheiten** praktisch.

Längenmaße z. B.

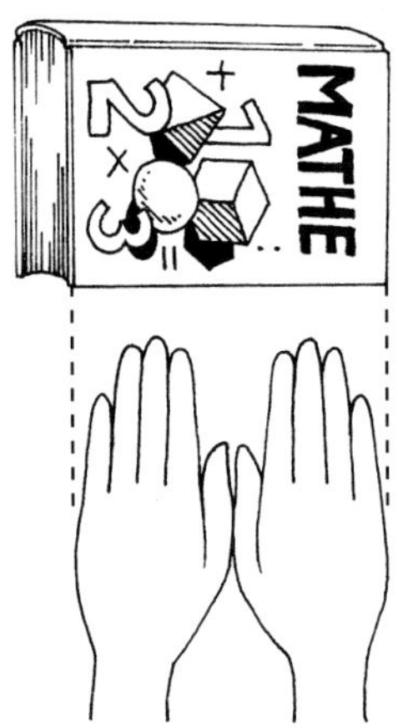

Buch = 10 Fingerbreit

Tisch = 1 Armspanne

Gibt es Dinge, die von **verschiedenen Personen** mit denselben oder unterschiedlichen Maßeinheiten gemessen wurden, z. B. eine Tischkante in Fußlängen und in Armlängen? Wenn ja, mit welchen Körpermaßen und welchen Ergebnissen? Stimmen die Ergebnisse überein?
Aus den gemachten Erfahrungen leiten sich folgende Fragestellungen ab, über die nun diskutiert werden kann:

- Wie **vergleicht** man verschiedene Maßeinheiten (z. B. Fingerbreite und Armspanne)?
- Warum erhalten verschiedene Personen beim Messen mit denselben Körper-Maßeinheiten **verschiedene Ergebnisse**?

VERSCHIEDENE MASSEINHEITEN FÜR DIESELBE LÄNGE VERWENDEN

Nun werden 2 gleich hohe Bücher und 2 Freiwillige gebraucht.

Ein Freiwilliger „erhält" die Maßeinheit „Fingerbreite", der andere die Einheit „Handbreite". Jeder bekommt eins der Bücher, ohne dass die anderen (auch nicht der andere Freiwillige) die Bücher sehen. Die Freiwilligen dürfen auch nicht verraten, um welche Bücher es sich handelt.
Hinter einem Sichtschutz oder im Nebenraum messen beide nacheinander mit „ihrer" Maßeinheit die Höhe des Buchrückens „ihres" Buches. Erst wenn **beide** fertig sind, nennen sie der Gruppe ihre Messergebnisse.

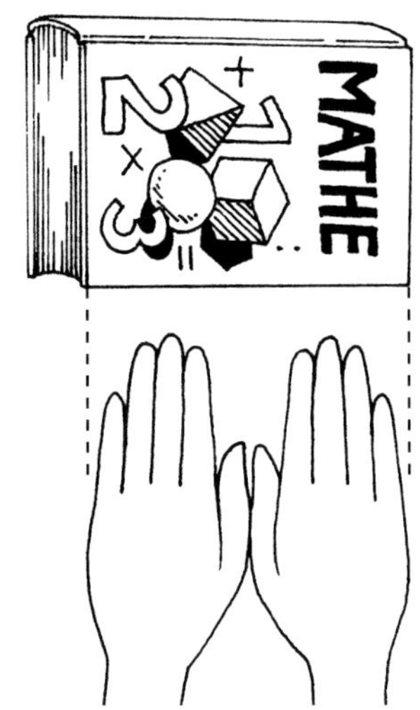

= 10 Fingerbreit oder 2 Handbreit

Längenmaße – Mit Hand und Fuß

VERSCHIEDENE MASSEINHEITEN VERGLEICHEN

Die Gruppe hat nun z. B. folgende Ergebnisse zur Höhe der Buchrücken gehört:
→ Buch X = 2 Handbreiten,
→ Buch Y = 10 Fingerbreiten.

Regen Sie nun die Diskussion an, ob man herausfinden kann, ob zwei gemessene Gegenstände **gleich groß** sind, wenn man die Gegenstände selbst nicht kennt, wohl aber ihre Maße und die dazugehörigen Maßeinheiten – auch wenn diese verschieden sind – ob man im Beispiel also anhand der Angaben herausfinden kann, ob die beiden Bücher mit 2 Handbreiten bzw. 10 Fingerbreiten gleich hoch sind.

Um dies herauszufinden, muss man die verschiedenen Maßeinheiten miteinander vergleichen können. Man muss **also eine Einheit in die andere umrechnen** können: Eine Handbreit – wenn man den Daumen einschließt – entspricht der Breite von 5 Fingern, wie man sieht, wenn man seine Hand betrachtet. Damit wäre ein Buch mit 2 Handbreit Höhe genauso hoch wie eines mit einer Höhe von 10 Fingerbreit.

Nun können Sie diskutieren lassen, wann die Umrechnung von einer Einheit in eine größere oder kleinere am einfachsten ist – nämlich dann, wenn die größere Einheit ein ganzzahliges Vielfaches der Kleineren ist und somit hauptsächlich natürliche Zahlen bei der Umrechnung zum Einsatz kommen. Um dies zu verdeutlichen, kann man z. B. das metrische System mit dem angloamerikanischen Maßsystem (Inch/Foot/Yard/Mile) vergleichen.

GLEICHE MASSEINHEIT – UND DOCH VERSCHIEDEN

Alle Schüler der Gruppe vermessen nun dieselbe schmale Seite eines Tisches mit ihrer Handlänge und die Werte werden für alle sichtbar aufgeschrieben. Beteiligen Sie als Erwachsener mit Ihrer vermutlich größeren Handlänge sich auch an der Aufgabe. Dabei erhalten sie z. B. das Ergebnis: Ennis Handlänge beträgt 17 cm und die von Peter 15 cm.
Bei Enni misst die Tischkante ca. 3 1/2 Handlängen, bei Peter 4 Handlängen.

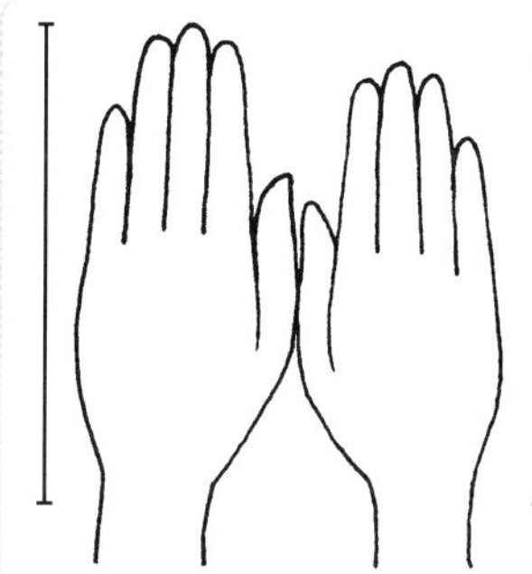

Ennis Hand = 17 cm   Peters Hand = 15 cm

Damit man für die Maße eines Gegenstandes eindeutige Angaben erhält, muss die Einheit eine **klar definierte Länge** haben. Dies trifft bei der Verwendung von Körpermaßen nicht zu. Die Schüler kommen zu der Erkenntnis: **Wenn eine Maßeinheit unterschiedlich „groß" sein kann, erhält man z. B. verschiedene Werte für dieselbe Sache.** Um einen einheitlichen Vergleichswert zu haben, ist es daher hilfreich, Einheitsmaße festzulegen.

WISSENSWERTES

Die **Einheit Meter** wurde Ende des 18. Jh. in Frankreich definiert, um ein einheitliches Längenmaß zu bekommen. 1875 schlossen in der Schweiz 17 Staaten den Vertrag der „Internationalen Meterkonvention", mit dem sie u. a. den **Urmeter** übernahmen. Der Urmeter war definiert als der zehnmillionste Teil der Entfernung zwischen Nordpol und Äquator.
Die vorher verwendeten Längeneinheiten beruhten auf Körpermaßen. Diese waren zwar lokal einheitlich festgelegt, schwankten aber von Ort zu Ort. Die in der jeweiligen Stadt gültigen Maße waren meist an den Rathäusern abzulesen.

Flächenmaße – Quadrathände

WORUM GEHT'S?

Nachdem die Schüler im Experiment „Längenmaße" begonnen haben, Strecken und Abschnitte mit ihrem Körper zu vermessen, nähern sie sich nun den Flächenmaßen mit dem eigenen „Handwerkszeug" an. Mit dem eigenen Körper finden sie heraus, wie das (Einheits-)Quadrat als Maßeinheit für Flächen dient. So wie man Längen misst, indem man mehrere Einheitslängen „nebeneinanderlegt", kann man mit Einheitsquadraten eine Fläche ausfüllen und so deren Flächeninhalt bestimmen.

FÜR WEN?

Klassenstufe 5
Einzel-, Groß- und Kleingruppenarbeit (2–4 Schüler)

WAS BRAUCHT MAN?

für jeden Schüler:

→ 1 Stift
→ 1 DIN-A4-Blatt
→ 1 Lineal
→ 1 Zollstock oder 1 Maßband

WIE VIEL ZEIT BRAUCHT MAN?

Vorbereitung: keine
Durchführung: 10–15 min

Was ist vorher zu tun?

Bei diesem Experiment ist keine Vorbereitung notwendig.

Jetzt geht's los

Zum Einstieg können Sie z. B. die Kante eines Tisches von einem Schüler mit seiner Handlänge ausmessen lassen (vgl. auch Experiment „Längenmaße – Mit Hand und Fuß" S. 123). Eine Länge wird also gemessen, indem eine Einheitslänge mehrfach nebeneinandergelegt wird. Nun wird die Diskussion in der Gruppe dahin geleitet, dass man eine Fläche entsprechend ausmessen kann, indem man sie mit **Einheitsflächen** ausfüllt. Als eine solche Einheitsfläche dient die **Quadrathand**.

DIE „QUADRATHAND"

Jeder Schüler zeichnet die Umrisse der eigenen Hand von der Handwurzel bis zu den Fingerspitzen mittig auf ein Blatt Papier. Mit dem Lineal wird die Länge in den Umriss eingezeichnet und die Mitte dieser Linie markiert. Außerdem wird das Lineal auf die eigene Handfläche gelegt und ein kleiner Punkt als Markierung in der Mitte der Hand gesetzt. Nun wird die Hand senkrecht zur eingezeichneten Länge **Mittelpunkt auf Mittelpunkt** (so gut dies geht) auf das Blatt gelegt und noch einmal umrandet. Wieder wird die Länge eingezeichnet. Zieht man ein Viereck um beide Umrisse, so ist die Fläche 1 Quadrathand groß.

Flächenmaße – Quadrathände

Diese Quadrathand schneiden die Schüler aus und können mit dieser den Tisch oder eine vergleichbare Fläche auslegen.
Das Abzählen der Quadrathände ergibt die Größe der Tischfläche.

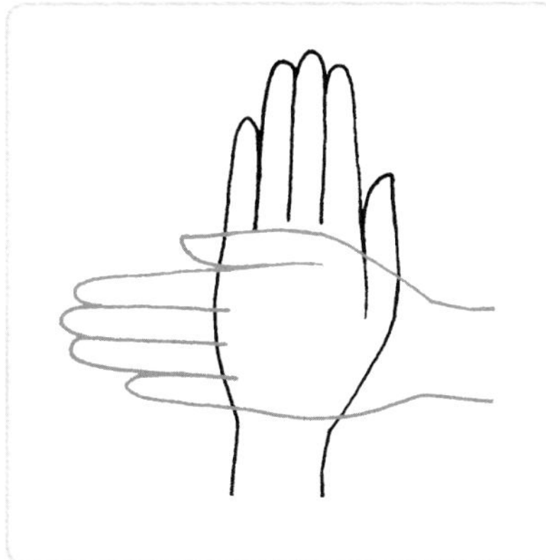

MUSS ES EIN QUADRAT SEIN?

Man könnte zum Ausmessen der Flächen auch einfach die **Handfläche** nehmen (gedanklich erweitert zu einem Rechteck). Lassen Sie die Schüler dies ausprobieren, indem sie eine (nicht zu große) Tischfläche mit ihren Handflächen auslegen und den Flächeninhalt in Vielfachen von diesen angeben.

Bringen Sie die Schüler nun darauf, dass es sehr lange gedauert hat und man sich sehr leicht verzählt, wenn man die Fläche komplett mit Händen oder Quadrathänden auslegt. Einfacher geht es, wenn man die (Rechteck-)Fläche des Tisches als **Produkt der Seitenlängen** berechnet. Geben Sie die Formel dafür an – Breite × Höhe.

Lassen Sie nun 2 Schüler die Breite und die Länge des Tisches mit den Händen ausmessen:

- ➔ Ein Schüler soll dabei die **Handfläche** zum Ausmessen verwenden und entsprechend die Tischlänge mit der Handlänge und die Breite mit der Handbreite ausmessen.
- ➔ Der andere Schüler soll die **Quadrathand** nutzen und daher beide Strecken mit der Handlänge vermessen.

Im Anschluss sollen beide mithilfe der Formel den Flächeninhalt **berechnen**.

Diskutieren Sie nun mit der Klasse, welches der beiden berechneten Ergebnisse der tatsächlichen Tischfläche entspricht und warum. Die Schüler stoßen dabei auf das Problem, dass man nicht die eine Seite mit der Handbreite und die andere mit der Handlänge ausmessen kann, sondern für beide dieselbe Einheit verwenden muss. Somit ist die (Rechteck-)Handfläche keine geeignete Einheitsfläche. Die Quadrathand dagegen kann man zum Ausmessen beider Tischseiten verwenden und kann mit dem Ergebnis die Tischfläche berechnen.

Flächenmaße – Gleiche Fläche, gleiche Form?

WORUM GEHT'S?

Dieses Experiment behandelt die Fragestellung, ob zwei Formen gleich sind, wenn sie denselben Flächeninhalt haben.

FÜR WEN?

Klassenstufe 5
Vorführexperiment

WAS BRAUCHT MAN?

- 1 Stift
- 3 DIN-A4-Blätter
- ca. 60 quadratische Bausteine, z. B. LEGO-Steine o. Ä.

WIE VIEL ZEIT BRAUCHT MAN?

Vorbereitung: 5–10 min
Durchführung: 10–15 min

Was ist vorher zu tun?

Bereiten Sie 3 Blatt Papier vor, indem Sie Rechtecke darauf zeichnen:

- 1 Blatt mit einem Rechteck mit den Seitenlängen 1 Einheit × 12 Einheiten,
- 1 Blatt mit einem Rechteck mit den Seitenlängen 2 Einheiten × 6 Einheiten,
- 1 Blatt mit einem Rechteck mit den Seitenlängen 3 Einheiten × 4 Einheiten.

Dabei entspricht 1 Einheit der Breite bzw. Länge der jeweiligen Bausteine, im Beispiel also den Maßen der quadratischen LEGO-Steine.

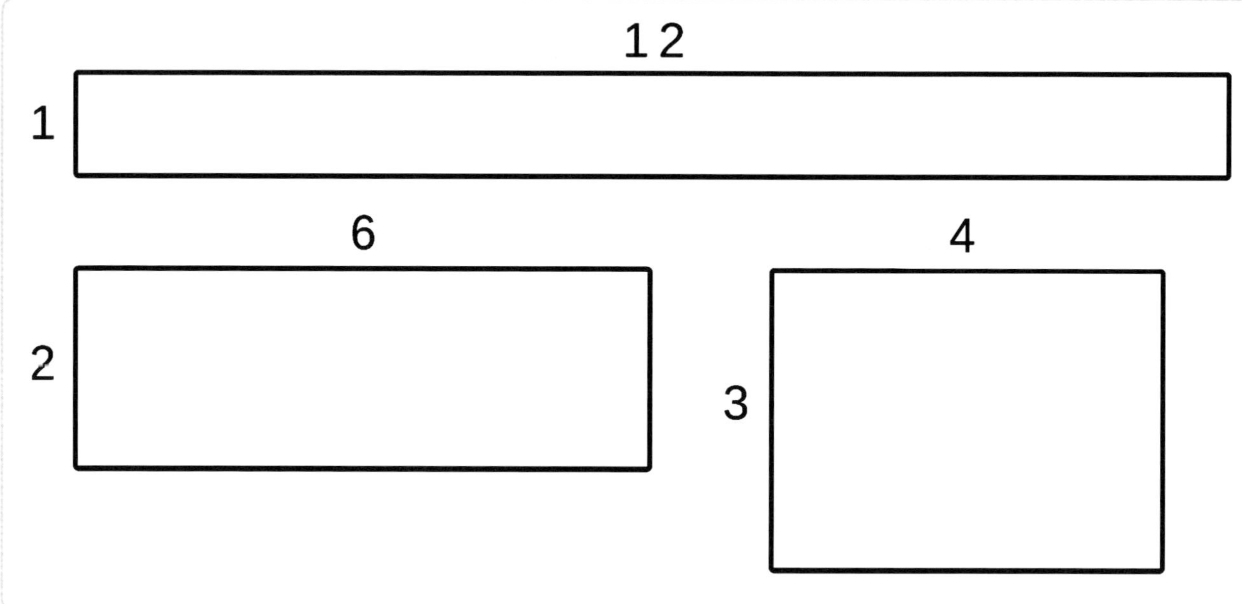

Flächenmaße – Gleiche Fläche, gleiche Form?

Jetzt geht's los

3 freiwillige Schüler (oder 3 Kleingruppen) erhalten nun je eins der Blätter und dürfen es vorerst niemand anderem zeigen. Dazu erhalten sie je 20 quadratische Bausteine o. Ä. (ein paar mehr als benötigt, damit die Schüler nicht schon anhand der Anzahl der Steine wissen, wie viele letztendlich in die Form passen). Stellen Sie nun folgende Aufgabe:
Zählt, wie viele Bausteine ihr benötigt, um eure Form damit auszufüllen!

Haben alle 3 Schüler oder Kleingruppen die Anzahl der Steine bestimmt, die sie zum Befüllen ihrer Form benötigen, teilen sie ihre Ergebnisse allen anderen mit.

Lassen Sie die Klasse nun gemeinsam die Fragen diskutieren:
Sind die Flächen gleich groß?

TIPP

Hier können Sie je nach dem Lernstand der Klasse die in einem Rechteck enthaltenen Steine zählen lassen oder die Formel für die Bestimmung des Flächeninhalts eines Rechtecks anwenden lassen bzw. einführen:
$A = a \times b$

Im nächsten Schritt stellen Sie die Frage:
Sind damit auch die Formen gleich?

Nun zeigen Sie allen Schülern zusammen die 3 Formen auf dem Papier.

Die Schüler gelangen zu der Erkenntnis: Der Flächeninhalt gibt zwar an, wie groß die Fläche eines Rechtecks ist, aber er sagt nicht aus, wie lang die Seiten des Rechtecks sind – **verschiedene Kombinationen von Seitenlägen können Rechtecke mit demselben Flächeninhalt ergeben**.

VARIANTE

Wenn Sie die Schüler die Flächen mit Bausteinen haben auslegen lassen, können Sie das Experiment erweitern auf 3-dimensionale Körper. Auch hier gilt, dass unterschiedliche Kantenlängen zu Quadern desselben Volumens führen können.

Volumenbestimmung - Mit Wasser messen

WORUM GEHT'S?

Schon vor über 2000 Jahren beschäftigten sich Menschen intensiv damit, die Volumina verschiedener Körper zu bestimmen. Bestimmungstechniken mit Wasser ermöglichen einen spannenden Einstieg ins Thema. Bestimmt werden sowohl das **Fassungsvermögen** von Hohlgefäßen als auch das **Volumen** von Körpern. Dieses Experiment kann sehr gut draußen durchgeführt werden.

FÜR WEN?

Klassenstufe 5-6
Klein- bis Großgruppenarbeit (ab ca. 5 Schüler)

WAS BRAUCHT MAN?

für jede Gruppe:

- ca. 5-10 l Wasser
- 1-2 große (ca. 5 l) und 1-2 mittelgroße (ca. 2-3 l) Schüsseln o. Ä.
- 1-2 Litermaße
- 1 Becher oder 1 Kelle zum Schöpfen
- Handtücher
- verschiedene Hohlgefäße, z. B. Gläser, Dosen, Vasen ...
  (Achten Sie darauf, dass auf Etiketten keine Volumenangaben mehr zu sehen sind.)
- verschiedene wasserfeste nicht befüllbare Dinge, z. B. kleine Bälle

WIE VIEL ZEIT BRAUCHT MAN?

Vorbereitung: ca. 10 min
Durchführung: 30-45 min

Was ist vorher zu tun?

Legen Sie alle Materialien an einem möglichst **wasserunempfindlichen** Ort bereit. Falls Sie die Experimente in Innenräumen durchführen lassen, kann auch eine Unterlegplane hilfreich sein. Vergessen Sie nicht, Handtücher bereitzulegen, falls es beim Umschütten des Wassers zu Missgeschicken kommt.

Stellen Sie eine mittelgroße Schüssel in eine große Schüssel und füllen Sie die mittelgroße Schüssel randvoll (!) mit Wasser.
Sollen die Schüler erst einmal Ideen sammeln, wie man das Volumen eines Körpers herausbekommt, können Sie das Experiment im Anschluss auch mit ihnen zusammen aufbauen.

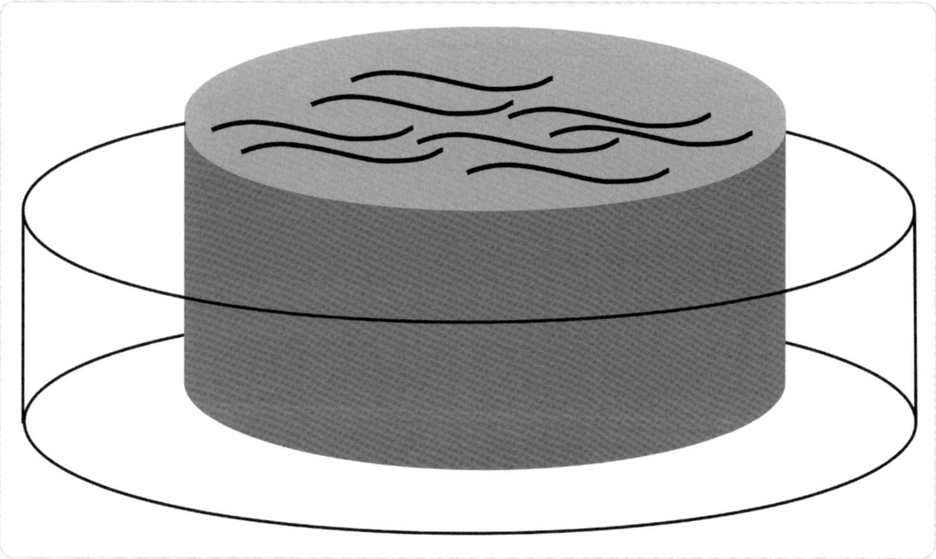

Volumenbestimmung – Mit Wasser messen

Jetzt geht's los

VOLUMEN VON HOHLKÖRPERN BESTIMMEN

Für diesen Versuch erhalten die Schüler verschiedene Hohlgefäße, deren Fassungsvermögen bestimmt werden soll.
Stellen Sie Wasser bereit, etwas zum Schöpfen und die Litermaße und lassen Sie die Schüler überlegen, wie sie mit diesen Hilfsmitteln das Volumen bestimmen können.
Zur Lösung des Problems wird das Gefäß, dessen Volumen bestimmt werden soll, **bis zum Rand mit Wasser befüllt**. Der Inhalt wird dann in ein Litermaß umgefüllt und das Volumen abgelesen.

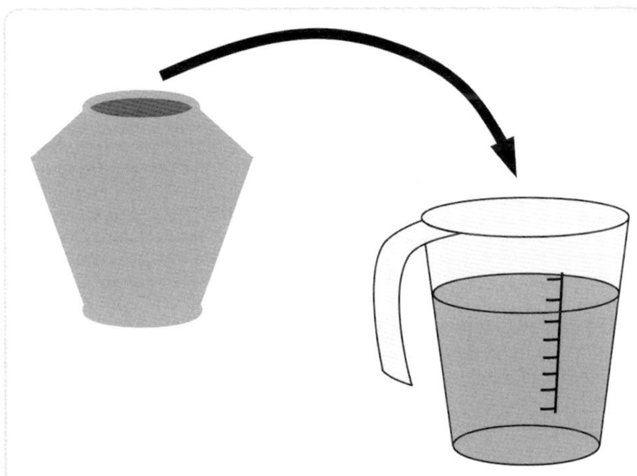

VOLUMEN VON KÖRPERN BESTIMMEN

Für diesen Versuch erhalten die Schüler verschiedene Gegenstände, die nicht mit Wasser gefüllt werden können (d. h. die keine Öffnung haben und/oder nicht hohl sind). Auch Hände und Füße können für eine Messung herhalten.
Sie können nun entweder die in der Vorbereitung bereits randvoll mit Wasser gefüllten Schüsseln (in jeweils einer großen Schüssel) und die Litermaße bereitstellen oder die leeren Schüsseln und Wasser.

Wieder sollen die Schüler eine Idee entwickeln, wie sie das Volumen ihrer Gegenstände messen können.
Zur Lösung wird der Gegenstand **komplett ins Wasser getaucht**. Das Wasser, das dabei über den Rand der mittelgroßen Schüssel läuft, wird in ein Litermaß umgefüllt und das Volumen abgelesen.

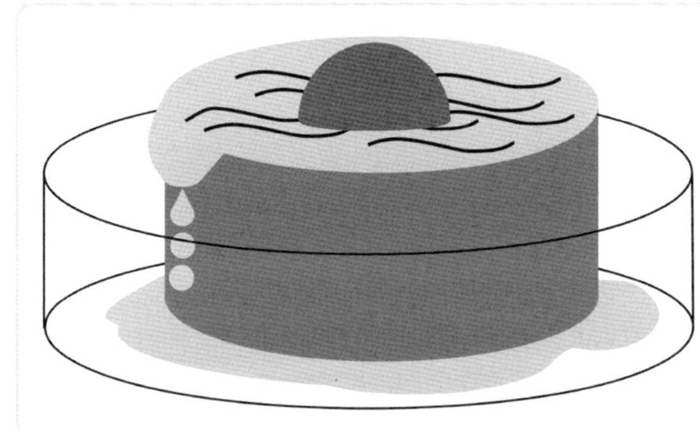

VARIANTE

Für kleinere Gegenstände kann man auch ein Litermaß teilweise mit Wasser füllen und die Gegenstände direkt **komplett dort hineintauchen**. Die Differenz zwischen dem Wasserstand vor und nach dem Eintauchen ergibt das Volumen des eingetauchten Gegenstandes.

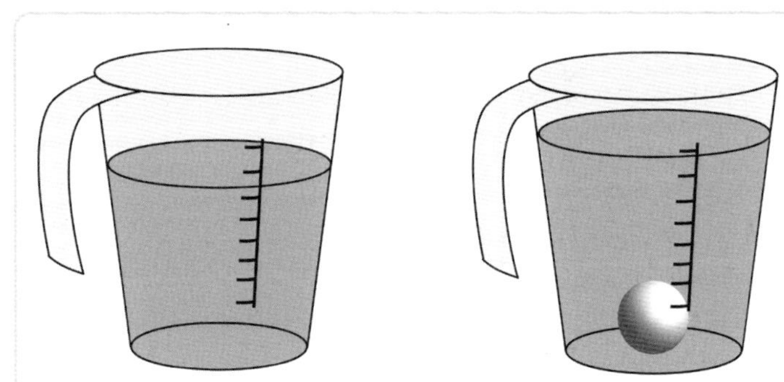

Regelmäßige Dreiecke und Vierecke – Dreieckstangram

WORUM GEHT'S?

Grundlegend für die Berechnung des Flächeninhalts von Dreiecken und regelmäßigen Vierecken ist ein Grundverständnis dafür, wie die einzelnen geometrischen Formen zusammenhängen. Dies kann mit einem Dreieckstangram spielerisch geschult werden.

FÜR WEN?

Klassenstufe 7
Einzel- bis Kleingruppenarbeit (2–4 Schüler)

WAS BRAUCHT MAN?

- Vorlage „Dreieckstangram-Teile" (Kopiervorlage S. 134)
- Vorlage „Dreieckstangram-Konturen" (Kopiervorlage S. 135)

für jeden Schüler:

- 1 weißes DIN-A4-Blatt
- 1 oder ½ DIN-A4-Bogen heller farbiger Tonkarton
- 1 Bleistift
- 1 Schere

WIE VIEL ZEIT BRAUCHT MAN?

Vorbereitung: ca. 5 min
Durchführung: ca. 30–45 min

Was ist vorher zu tun?

Kopieren Sie die Vorlage „Dreieckstangram-Teile" (S. 134) auf hellen farbigen Tonkarton. Eine Kopie kann für eine Person oder halbiert für 2 Personen genutzt werden. Kopieren Sie die Vorlage „Dreieckstangram-Konturen" (S. 135) für alle Schüler je einmal auf weißes DIN-A4-Papier.

Jetzt geht's los

FLÄCHEN AUS DREIECKEN BAUEN

Die Schüler schneiden die Formen der Kopiervorlage „Dreieckstangram-Teile" aus. (Bei einer halben Kopie entstehen 6 Dreiecke mit den Winkeln 90°, 45°, 45° und 6 Dreiecke mit den Winkeln 90°, 60°, 30° Diese reichen, um alle Formen zu legen; jedoch nicht alle gleichzeitig.)
Aus diesen Dreiecken sollen nun die Einzelformen von der Kopiervorlage „Dreieckstangram-Konturen" zusammengebaut werden. (Die Ausgangsdreiecke passen von der Größe genau in die Konturen.)
Wer herausgefunden hat, wie eine der Figuren gelegt werden kann, zeichnet die Trennlinien für die Einzelteile in die Konturen.

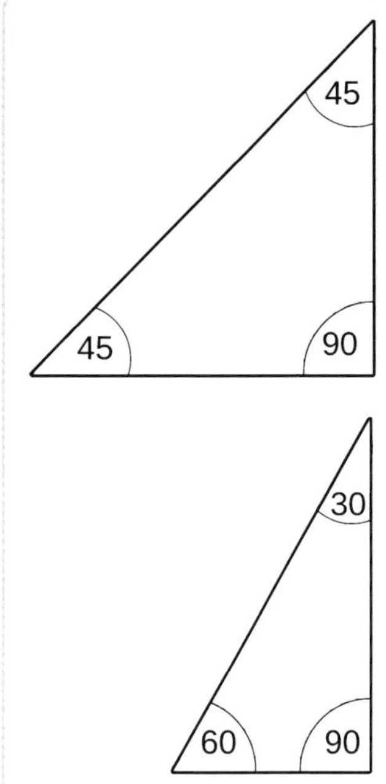

Regelmäßige Dreiecke und Vierecke – Dreieckstangram

TIPP

Die Aufgabe kann dahin gehend ergänzt werden, dass die Schüler auch die Winkelgrößen eintragen sollen. Dann muss die Materialliste um 1 Geodreieck für jeden Schüler erweitert werden.

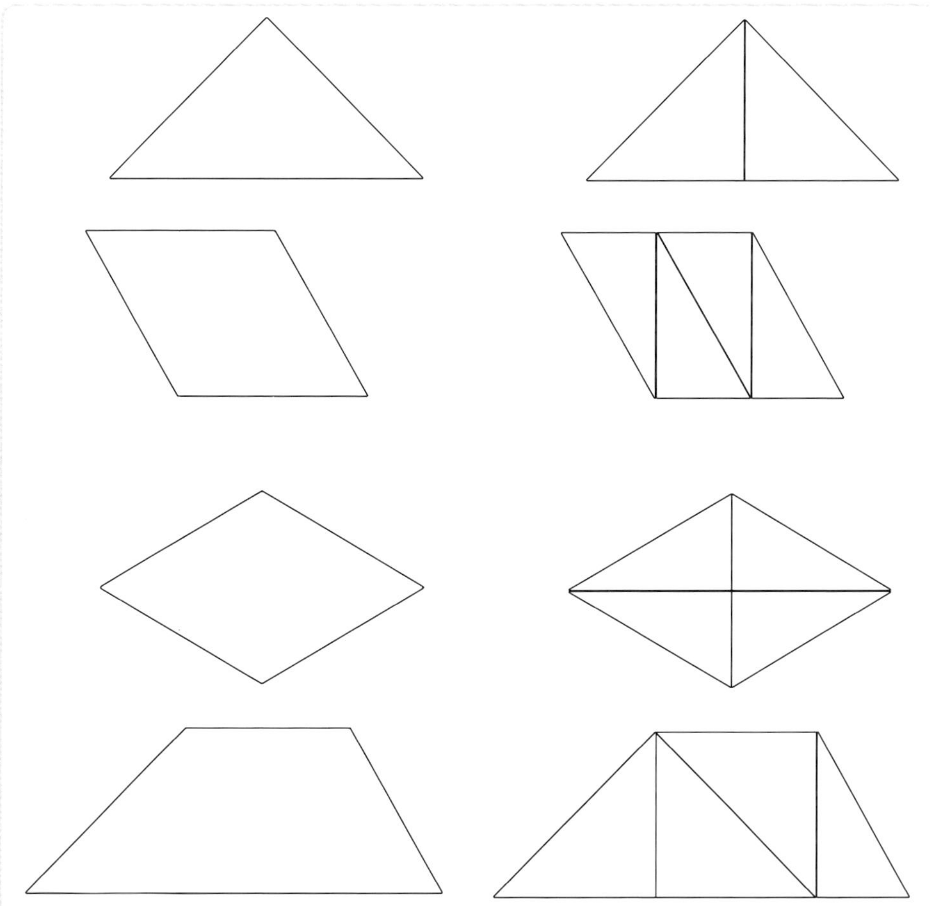

FLÄCHEN VON VIERECKEN BERECHNEN

Von den so sichtbar gewordenen Linien und Teilflächen in den Vielecken können jetzt Formeln zu **Berechnungen von Flächeninhalten** abgeleitet werden. (Dazu muss die Formel zur Berechnung des Flächeninhalts von Dreiecken bekannt sein.)
Zunächst wird der Flächeninhalt der beiden Dreiecke berechnet. Die Flächeninhalte der zusammengesetzten Figuren ergeben sich durch einfache Addition.

Im nächsten Schritt können auch die Formeln zur Flächenberechnung hergeleitet werden, um dann mit diesen Formeln wiederum die Flächeninhalte der Vierecke zu berechnen. Sie können sich dabei natürlich auch auf einfachere Figuren, wie das **Parallelogramm**, beschränken. Entscheiden Sie, ob Ihre Schüler die Formeln selbst aus der für Dreiecksflächen ableiten können oder ob Sie dies mit ihnen zusammen machen. Sie können auch als Hilfestellung die Formeln als Ergebnis vorgeben, damit die Schüler sehen, „wo sie hinmüssen".

VARIANTE 1

Das Tangram kann auch „in groß" als Einzelstück aus Holz hergestellt werden.

VARIANTE 2

Die Schüler können sich auch gegenseitig Konturen zeichnen, die die anderen Schüler dann versuchen nachzulegen, um dann eventuell deren Flächeninhalte zu bestimmen.

Dreieckstangram-Teile

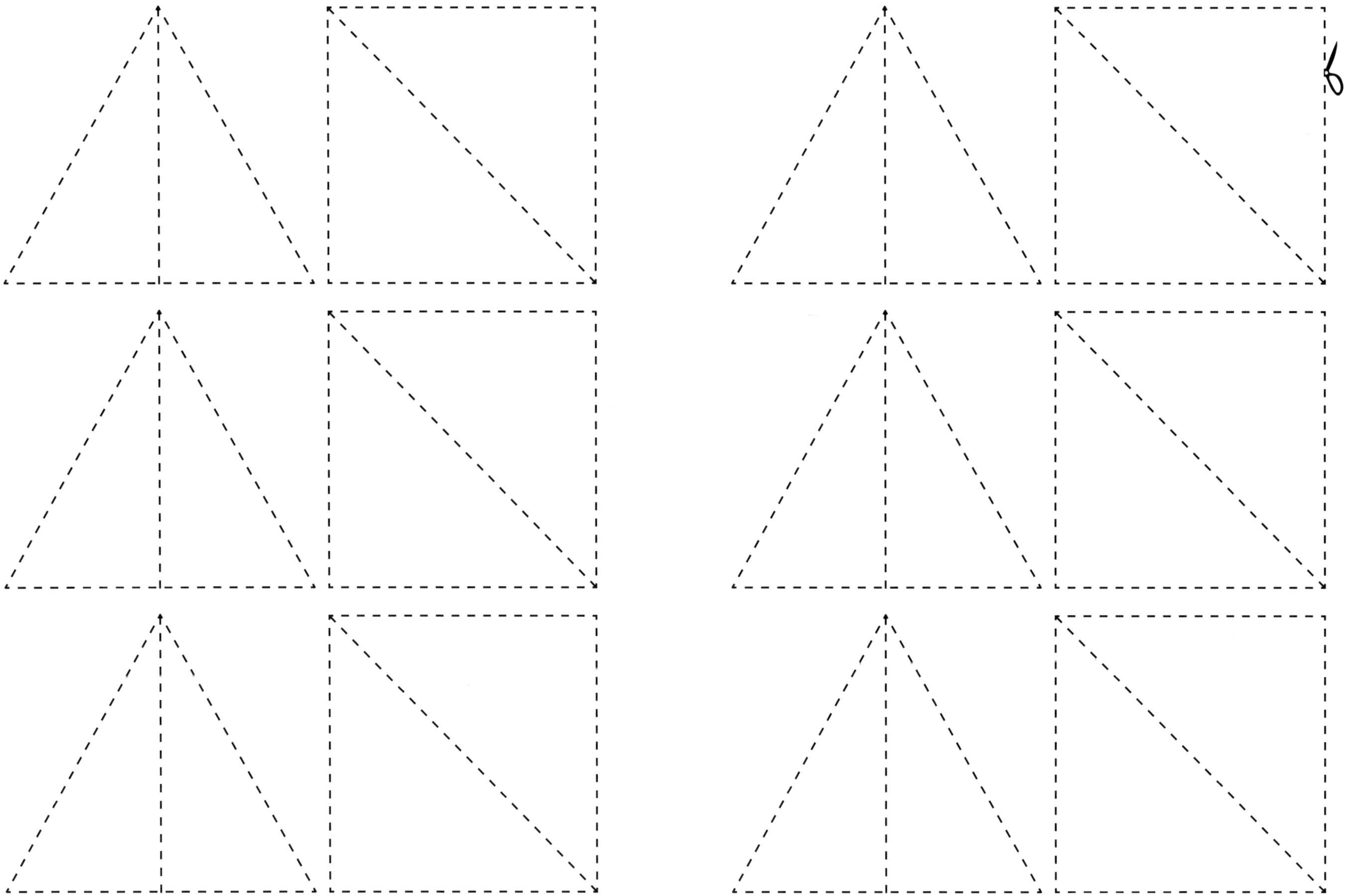

Dreieckstangram-Konturen

Fundamentalkonstruktionen – Origami

WORUM GEHT'S?

Origami ist eine alte asiatische Papierkunst, in welcher durch das Falten entlang von Mittelsenkrechten, Winkelhalbierenden und Co. verschiedene Formen und Figuren entstehen. Geometrische Begrifflichkeiten und Zusammenhänge werden so spielerisch erfahren und geübt.

FÜR WEN?

Klassenstufe 5–6
Einzelarbeit

WAS BRAUCHT MAN?

- farbiges Papier oder Origamipapier
- Faltanleitungen
- evtl. Scheren

WIE VIEL ZEIT BRAUCHT MAN?

Vorbereitung: 5–10 min
(evtl. zzgl. Übungszeit und Suche nach Anleitungen für Origami-Faltungen)
Durchführung: 30–45 min

TIPP

Quadratisches Origami-Papier gibt es in unterschiedlichen Farben, Mustern und Größen bereits im **Bastelzubehör** zu kaufen.

Was ist vorher zu tun?

Üben Sie die Faltungen, die Sie mit den Schülern durchführen möchten, bis Sie sich in der Ausführung und Erklärung sicher fühlen. Bei Bedarf schneiden Sie Papier in verschiedenen Grundformen vor, z. B. Quadrate, gleichseitige, rechtwinklige oder gleichschenklige Dreiecke usw.

Jetzt geht's los

Gehen Sie zunächst zusammen mit Ihren Schülern verschiedene einfache Faltungen an unterschiedlichen Grundformen durch und führen Sie dabei Begriffe wie Mittelsenkrechte, Seitenhalbierende, Winkelhalbierende usw. ein. Beispiele für Faltungen in einem Dreieck sind:

- Werden 2 nebeneinanderliegende Ecken aufeinandergefaltet, so erhält man die **Mittelsenkrechte** der die Ecken verbindenden Seite.
- Werden 2 aneinanderstoßende Seiten aufeinandergefaltet, so erhält man die **Winkelhalbierende** des eingeschlossenen Winkels.
- Faltet man entlang einer gedachten Linie, die durch den Mittelpunkt einer Seite und die gegenüberliegende Ecke verläuft, so erhält man die **Seitenhalbierende**.
- Faltet man eine Seite auf sich selbst zurück, entlang einer gedachten Linie, die durch einen gegenüberliegenden Eckpunkt verläuft, so erhält man die **Höhe**. (Dies funktioniert natürlich nur mit Höhen, die innerhalb der Figur liegen.)

Fundamentalkonstruktionen – Origami

Im Quadrat entsprechen die Winkelhalbierenden den Diagonalen. Diese können auch ermittelt werden, indem man gegenüberliegende Ecken aufeinanderfaltet.

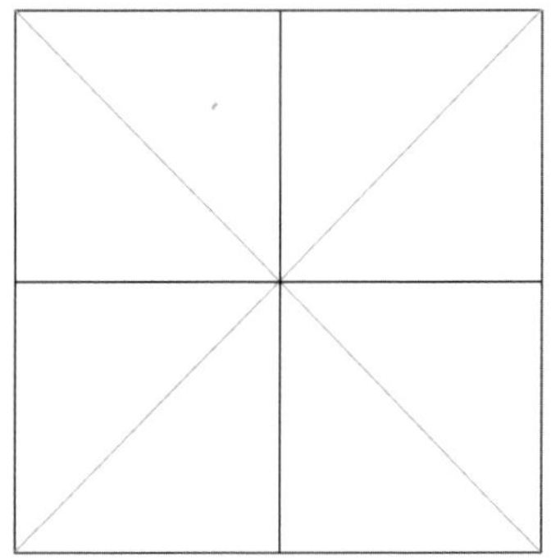

BEIM FALTEN ZUSAMMENHÄNGE ENTDECKEN

- Im **gleichseitigen Dreieck** sind Höhen, Winkelhalbierende, Seitenhalbierende und Mittelsenkrechte dieselben Linien und schneiden sich im Mittelpunkt des Dreiecks.
- Ein **gleichschenkliges rechtwinkliges Dreieck** wird durch eine Faltung an der Mittelsenkrechten der Hypotenuse in 2 ebenfalls gleichschenklige rechtwinklige Dreiecke geteilt.
- Im **rechtwinkligen Dreieck** schneiden sich die Mittelsenkrechten der Katheten im Mittelpunkt der Hypotenuse.
- Im **gleichschenkligen Dreieck** liegen die Schnittpunkte der Mittelsenkrechten, der Seiten- und der Winkelhalbierenden auf der Symmetrieachse.
- Im **Quadrat** schneiden sich die Winkelhalbierenden, die Seitenhalbierenden bzw. die Mittelsenkrechten im Mittelpunkt des Quadrates.
- usw.

Dann können Sie sich mit den Schülern an etwas komplexere Faltungen wagen. Vielleicht kennt jemand aus der Gruppe ja auch eigene Faltungen und kann sie der Klasse mithilfe der neu gelernten Begriffe erklären oder Sie recherchieren selbst nach Origami-Figuren, z. B. im Internet.

VARIANTE

Kleines Faltquiz: Als Aufgabe mit hohem Herausforderungsgrad für Fortgeschrittene können Sie eine nicht zu komplexe Faltanleitung (z. B. die eines Papierfliegers) auch ohne Bilder oder Zeigen der Endform nur über Ansagen an die Schüler übermitteln (in der Art: „Faltet das Blatt entlang aller Winkelhalbierenden und dann entlang einer Mittelsenkrechten.") Zum Schluss gleichen die Schüler ihre Faltung mit einem von Ihnen vorbereiteten Exemplar ab.

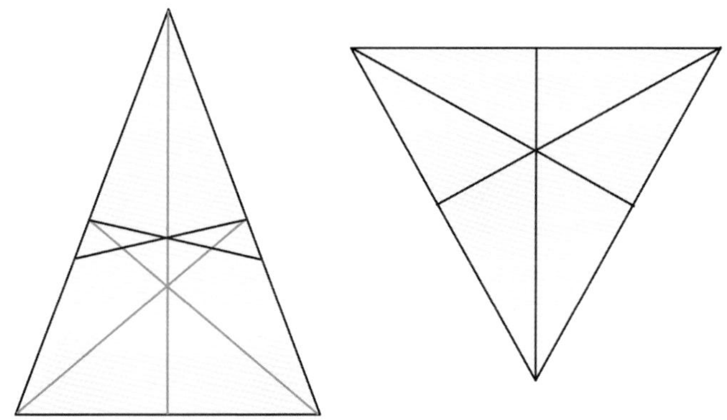

Fibonacci-Zahlen – Kreative Wandgestaltung

WORUM GEHT'S?

Die Folge der Fibonacci-Zahlen findet sich in vielen Wachstumsprozessen der Natur und dient in dieser mathematischen Kreativübung als Gestaltungselement für ein gemeinsames Wandbild, das Deckblatt für den Mathe-Hefter o. Ä. Diese Übung ist ideal für eine Vertretungsstunde oder vor den Ferien!

FÜR WEN?

Klassenstufe 6
Einzel- oder Gruppenarbeit

WAS BRAUCHT MAN?

für jede Gruppe:

→ mehrere DIN-A2-Blätter (oder größer)

bzw. für jeden Schüler:

→ kariertes Papier

für jede Gruppe bzw. jeden Schüler:

→ 1 Set Beispiele für Fibonacci-Spiralen in der Natur (Kopiervorlage S. 140)
→ 1 Bleistift
→ bunte Stifte
→ evtl. 1 Zirkel und 1 Geodreieck

WIE VIEL ZEIT BRAUCHT MAN?

Vorbereitung: ca. 5 min (eventuell weitere Zeit zur Bildsuche)
Durchführung: 30–45 min

Was ist vorher zu tun?

Kopieren Sie für jeden Schüler zur **Anschauung** die Beispiele für Fibonacci-Spiralen in der Natur (S. 140).
Alternativ suchen Sie aus dem Internet einige Fotos von Objekten, die im Zusammenhang mit der Fibonacci-Folge stehen, z. B. die Blüte einer Sonnenblume, Schneckenhäuser, der Blattstand einer Aloe Polyphylla, die Spiralarme einer Galaxie oder Kiefernzapfen. Drucken Sie diese aus und laminieren Sie die Bilder gegebenenfalls.
Vielleicht sammeln Sie echte Vertreter solcher Objekte, wie Schneckenhäuser oder je nach Jahreszeit Gänseblümchenblüten oder Fichtenzapfen.

© Dr. Wiebke Salzmann

Fibonacci-Zahlen – Kreative Wandgestaltung

Jetzt geht's los

FIBONACCI-ZAHLEN UND SPIRALEN

Besprechen Sie zunächst mit den Schülern, wie die Zahlen der **Fibonacci-Folge** gebildet werden, und berechnen Sie gemeinsam mit der Klasse die ersten Folgenglieder.

Die unendliche Folge der Fibonacci-Zahlen beginnt mit 0 und 1 und jede weitere Zahl ergibt sich aus der Summe ihrer beiden Vorgängerzahlen:
0, 1, 1 (= 0 + 1), **2** (= 1 + 1), **3** (= 1 + 2), **5** (= 2 + 3), **8** (= 3 + 5), **13** (= 5 + 8) usw.

Entwickeln Sie nun mit den Schülern die grafische Darstellung der Fibonacci-Zahlen, in der die Zahlen jeweils die **Kantenlänge eines Quadrates** darstellen. Es ergibt sich eine „Quadratspirale".

Zeichnet man in diese Quadrate (beginnend beim zweiten Quadrat) nun jeweils einen Viertelkreis, ergibt sich eine „runde" Spirale.

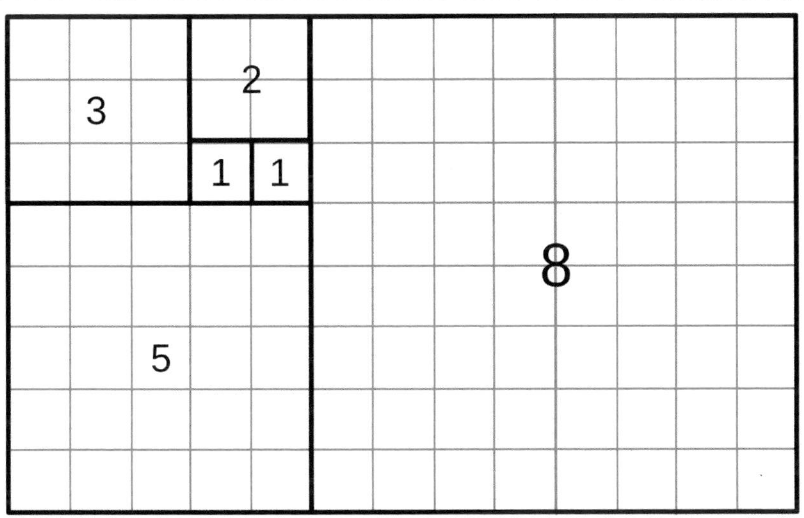

KREATIV WERDEN

Nun zeichnen die Schüler einzeln (auf kariertes DIN-A4-Papier) oder in Kleingruppen (auf DIN-A2-Papier) zunächst die „Quadratspirale". Wer möchte, kann dann daraus mit dem Zirkel die „runde" Spirale konstruieren.
Im Anschluss können die Darstellungen nach den Vorstellungen der Schüler gefüllt und ausgemalt werden. Die fertigen Bilder dienen als gemeinsame Wandgestaltung oder verschönern z. B. den Mathehefter.

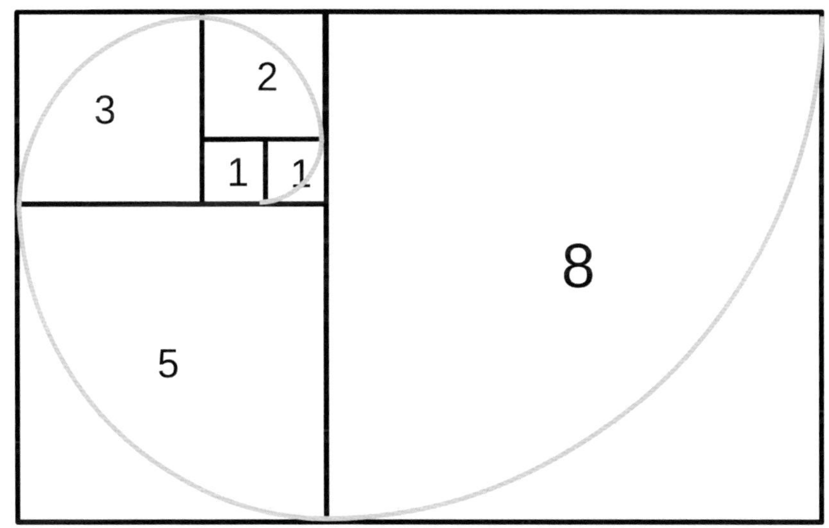

WISSENSWERTES
Pflanzen, deren Blätter in einer Fibonacci-Spirale angeordnet um ihre Sprossachse wachsen, können auf diese Weise optimal das Sonnenlicht ausnutzen. Die Blätter sind so versetzt, dass jedes Blatt den darunterliegenden möglichst wenig Licht wegnimmt.

Kopiervorlage

Fibonacci – Beispiele

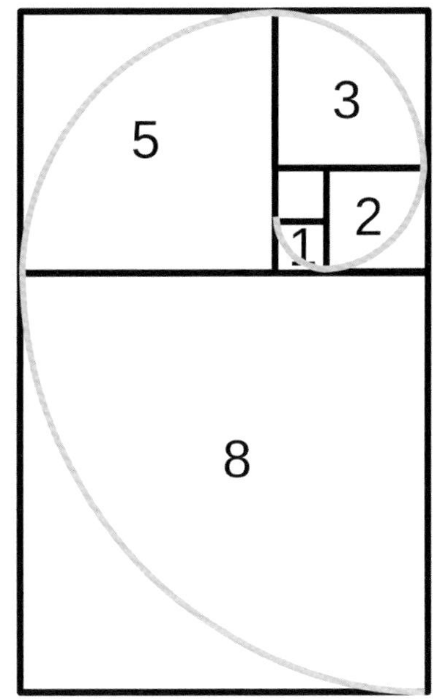

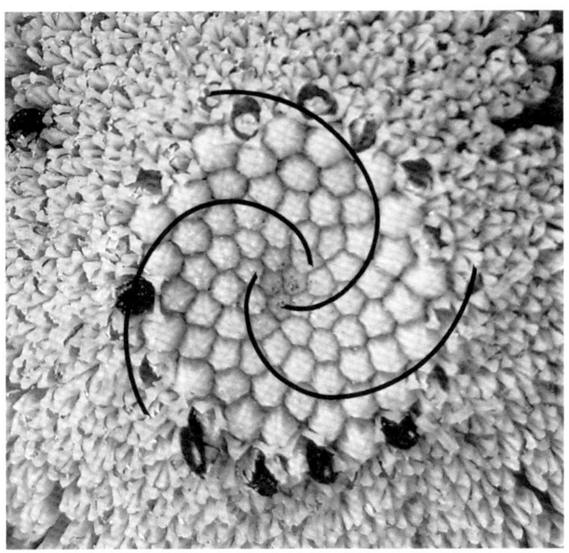

Höhen im Dreieck – Alles im Lot!

WORUM GEHT'S?

Unter Zuhilfenahme eines selbst gebauten Lots werden die Höhen und der **Höhenschnittpunkt** in verschiedenen Dreiecken ermittelt und Zusammenhänge veranschaulicht – z. B. dass sich alle 3 Höhen in einem Punkt schneiden, dass die Höhen in einem gleichseitigen Dreieck alle gleich lang sind oder dass Höhen nicht immer innerhalb eines Dreiecks verlaufen.

FÜR WEN?

Klassenstufe 6–7

Einzel- oder Kleingruppenarbeit (1–3 Schüler)

WAS BRAUCHT MAN?

- → 1 Schere
- → 1 Lineal oder 1 Geodreieck
- → ggf. Vorlage für verschiedene Dreiecke (Kopiervorlage S. 144)

für jeden Schüler bzw. für jede Kleingruppe:

- → Schnur oder dünne Wolle (ca. 35 cm)
- → 2–4 DIN-A4-Blätter
- → Klebestreifen oder Kreppklebeband
- → evtl. 1 Schere
- → evtl. 1 Lineal oder 1 Geodreieck
- → 1 Stift

WIE VIEL ZEIT BRAUCHT MAN?

Vorbereitung: 10 min

Durchführung: ca. 30 min

Was ist vorher zu tun?

Sie können die Vorbereitung allein oder zusammen mit der Klasse durchführen. Zeichnen Sie verschiedene Dreiecke auf das Papier, darunter mindestens ein **gleichseitiges** und ein **rechtwinkliges** Dreieck. Unter den allgemeinen Dreiecken wird mindestens eines mit einem stumpfen Winkel benötigt. Jedes Dreieck sollte dabei ca. ein DIN-A5- bis DIN-A4-Format ausfüllen, damit es sich beim Experiment gut handhaben lässt. Bei Bedarf kann auch die Kopiervorlage „Dreiecke" (S. 144) 2-fach vergrößert kopiert werden.

Pro Schüler oder Kleingruppe wird ein Stück Schnur von ca. 35 cm Länge und ein kleines Gewicht benötigt (z. B. ein Stift, den die Schüler sicher selbst beisteuern können). Das Gewicht muss so geformt sein, dass es sich an die Schnur knoten lässt.

Höhen im Dreieck – Alles im Lot!

Jetzt geht's los

DIE HÖHE ERMITTELN

Die Schüler erhalten einzeln oder in Kleingruppen je eins oder mehrere der Dreiecke, ein Stück Schnur und ein Gewicht. Das Gewicht wird an das eine Ende der Schnur gebunden.

Die Schüler sollen nun herausfinden, wie hoch die Dreiecke sind. Ob Sie dabei den Tipp geben, dass jedes Dreieck 3 Höhen hat, ist Ihre Entscheidung.
Zu diesem Zweck sollen die Schüler das Papier mit dem Dreieck direkt an eine Wand (z. B. Tür, Tafel, Fenster oder Schrank) halten und eine der Dreieckseiten parallel zur Fußbodenkante ausrichten, damit die **Höhe als Senkrechte zur Grundseite** ermittelt werden kann.

Achtung: Falls das Papier dabei vorübergehend an der Wand befestigt werden soll, bieten Sie möglichst Kreppklebeband an und prüfen Sie zunächst an einer unauffälligen Stelle, ob es sich ohne Spuren wieder lösen lässt!

Nun hält man die Schnur an die obere Ecke des Dreiecks, sodass das eingeknotete Gewicht nach unten hängt. Die **Schwerkraft** zieht über dieses Gewicht die Schnur lotrecht nach unten.
Zur Fixierung kann die Schnur auch für den Moment an der oberen Ecke des Dreiecks mit Kreppklebeband fixiert werden.

Die **Höhenlinie** zeichnen die Schüler mit einem dünnen Stift entlang der Schnur in das Dreieck ein.

VARIANTE

Wenn Sie lieber mit etwas Handfesterem als Papier arbeiten möchten, können Sie die Dreiecke auch aus **fester Pappe** mit Schere oder Cutter ausschneiden. Ein Dreieck sollte dabei ungefähr ein DIN-A5- bis DIN-A4-Format ausfüllen.
Solche Dreiecke können Sie auch mehrfach verwenden. In dem Fall zeichnen die Schüler die Höhen nicht mit Stiften ein, sondern befestigen an jeder Spitze ein neues Stück Schnur als „Lotband" und fixieren es nach dem Fällen des Lotes mit etwas Klebestreifen. Der Schnittpunkt wird so sichtbar und die Schnur kann später wieder entfernt werden.

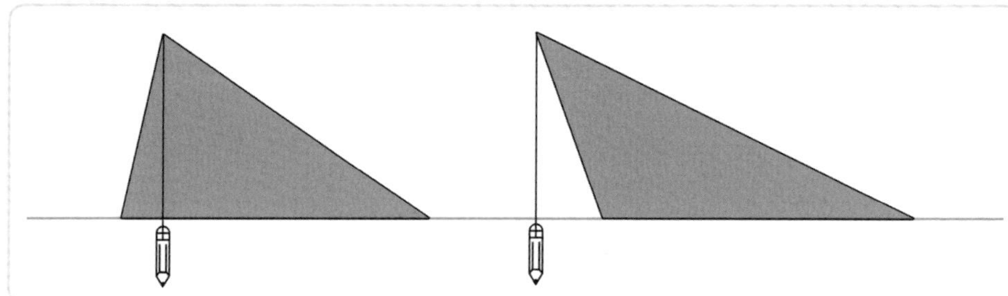

MEHRERE HÖHEN EINZEICHNEN UND VERGLEICHEN

Falls es den Schülern nicht bereits von allein aufgefallen ist, fragen Sie, ob das Dreieck denn nur eine Höhe hat, und lassen Sie sie auch die beiden anderen Höhen ermitteln und einzeichnen.

Dabei können Sie auf folgende Zusammenhänge hinarbeiten:
→ **Höhenschnittpunkt:** Die 3 Höhen kreuzen sich in genau einem Punkt.
→ Die Höhenlinie teilt das Dreieck in 2 **rechtwinklige** Dreiecke.
(Es sei denn, die Höhe liegt außerhalb des Dreiecks, s. u.)
→ In einem **gleichseitigen** Dreieck sind auch alle Höhen gleich lang.

Höhen im Dreieck – Alles im Lot!

- In einem **rechtwinkligen** Dreieck sind 2 Seiten (nämlich die Katheten) auch gleichzeitig die Höhen, und zwar auf der jeweils anderen Kathete als Grundseite.
- Bei Dreiecken mit einem **stumpfen** Winkel befinden sich nicht alle Höhen innerhalb des Dreiecks. Die Höhen kreuzen sich außerhalb des Dreieckes und nur eine der Höhen teilt das Ausgangsdreieck in 2 rechtwinklige Dreiecke.

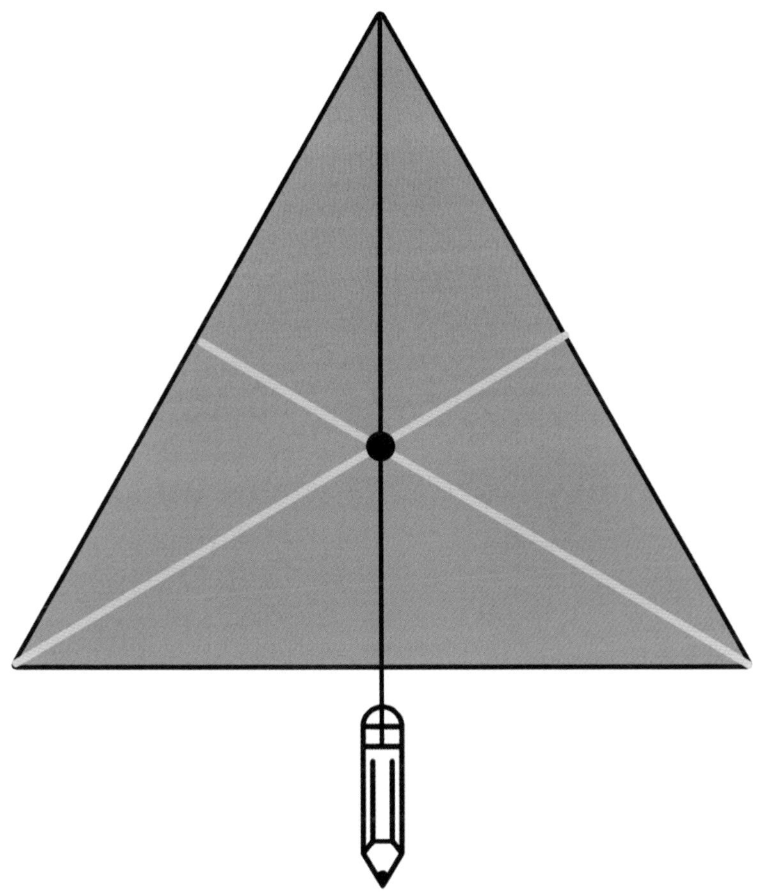

TIPP

Diese Methode können Sie ebenfalls verwenden, um Höhen z. B. im Trapez und Parallelogramm anschaulich zu ermitteln.

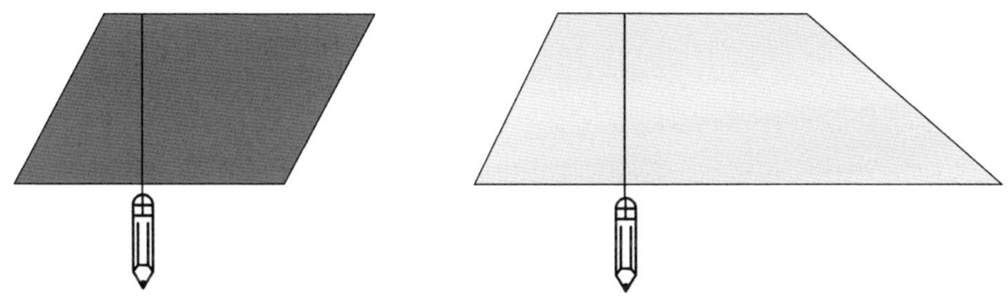

Kopiervorlage

Dreiecke

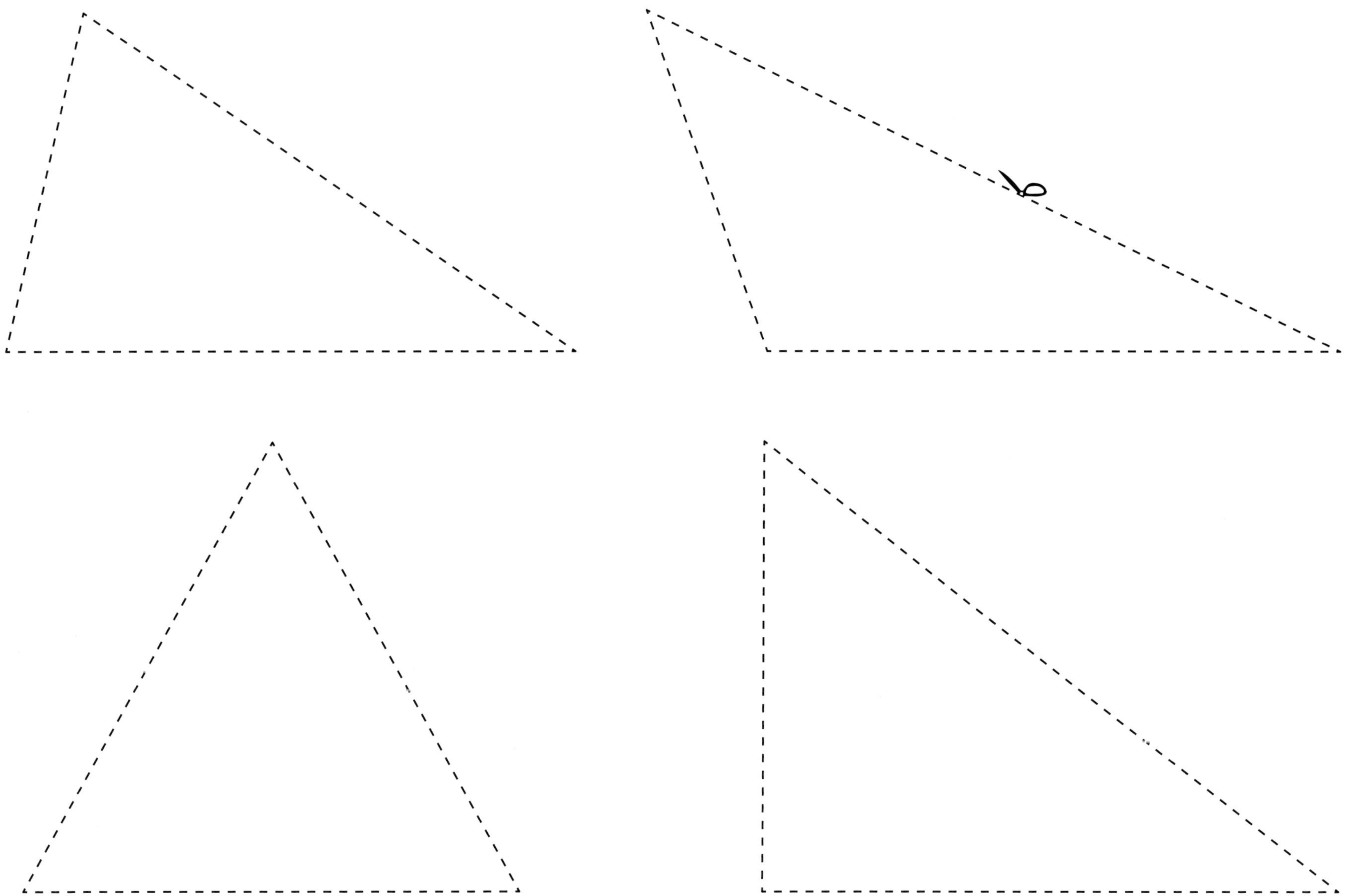

Satz des Pythagoras – Von kleinen und großen Quadraten

WORUM GEHT'S?

Mit „beweglichen" Seitenquadraten gelingt ein anschaulicher Einstieg in den Satz des Pythagoras. Hier sehen die Schüler sofort, dass die Summe der Kathetenquadrate gleich dem Hypotenusenquadrat ist, und können so selbstständig diesen Satz für rechtwinklige Dreiecke erarbeiten.

FÜR WEN?

Klassenstufe 9
Kleingruppenarbeit (ca. 3–5 Schüler) oder Vorführexperiment

WAS BRAUCHT MAN?

für jede Kleingruppe:

- ca. 50 gleich große quadratische Bausteine, z. B. von LEGO, oder andere quadratische Gegenstände vergleichbarer Größe in 3 Farben: z. B. 25 rote, 16 blaue und 9 gelbe.
- kariertes Papier
- 1 Stift
- 1 Lineal oder 1 Geodreieck

bzw. für ein Vorführexperiment:

- ca. 50 quadratische Haftnotizzettel in 3 verschiedenen Farben (z. B. 25 rote, 16 blaue, 9 gelbe)
- Tafel und Kreide oder Whiteboard und 1 geeigneter Stift

WIE VIEL ZEIT BRAUCHT MAN?

Vorbereitung: ca. 5 min
Durchführung: ca. 15–25 min

Was ist vorher zu tun?

Bei Bedarf können Sie bereits „Abpackungen" von je 50 Steinen für die Kleingruppen vorbereiten.

Für ein **Vorführexperiment** zeichnen Sie ein rechtwinkliges Dreieck mit den Seitenlängen 3, 4 und 5 an die Tafel. Die Maßeinheit ist hierbei die Breite der Haftnotizzettel.

Jetzt geht's los

RECHTWINKLIGES DREIECK ZEICHNEN

Die Schüler sollen zunächst ein rechtwinkliges Dreieck auf das karierte Papier zeichnen mit den Seitenlängen 3, 4 und 5. Die Maßeinheit ist dabei die Kantenlänge des Bausteins. Die längste Seite ist also so lang wie 5 Bausteine nebeneinandergelegt, die Längen der anderen Seiten ergibt sich entsprechend.
Das karierte Papier erleichtert das Zeichnen des rechten Winkels.

Satz des Pythagoras – Von kleinen und großen Quadraten

QUADRATE ÜBER DEN DREIECKSEITEN

An die 3 Seiten des Dreiecks sollen die Schüler nun je ein Quadrat mit der entsprechenden Seitenlänge aus den Bausteinen legen.

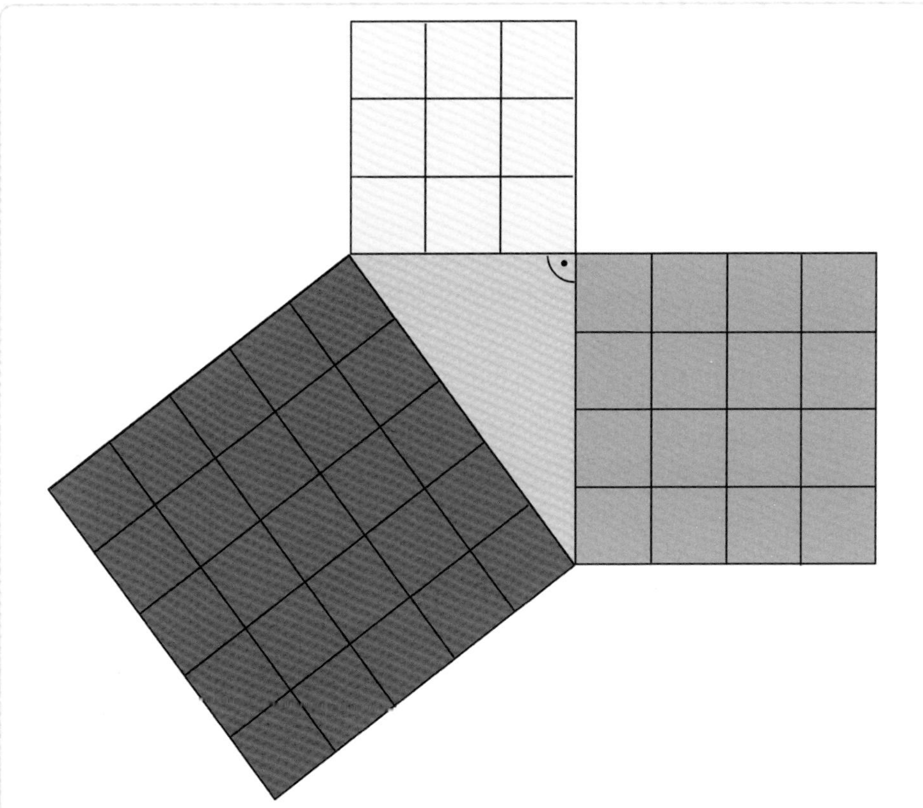

Im nächsten Schritt nehmen die Schüler nun die Steine der beiden kleineren Quadrate und **ersetzen** mit diesen Stück für Stück die Steine aus dem großen Quadrat. Dessen Steine legen sie beiseite.

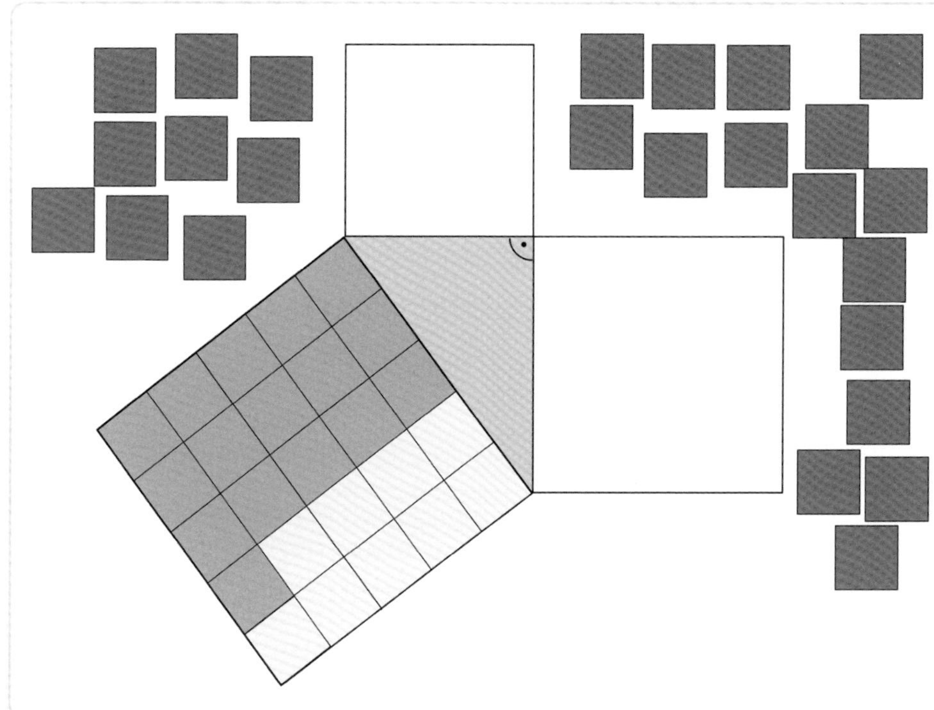

Wenn Sie nun die Seiten mit a, b und c bezeichnen, können die Kleingruppen den Zusammenhang zwischen den Quadraten an der Seite a, der Seite b und der Seite c erarbeiten.

Die Kleingruppen stellen nun vor der Klasse ihre Überlegungen vor und können diese evtl. miteinander diskutieren.
Darauf aufbauend – sofern die Schüler dies noch nicht selbst vorschlagen – wird dann gemeinsam die Formel $\mathbf{a^2 + b^2 = c^2}$ erarbeitet.

Alternativ kleben Sie im **Vorführexperiment** die Quadrate mithilfe der Haftzettel an die Tafel und erarbeiten den Zusammenhang zwischen diesen im Klassenverband.

Satz des Thales – Dreiecke am Nagelbrett

WORUM GEHT'S?

Der Satz des Thales kann mit Zirkel, Stift und Papier nachgewiesen werden, bei diesem Experimentieraufbau aber auch mit ein wenig Handwerkszeug oder gar dem eigenen Körper.

FÜR WEN?

Klassenstufe 7–8
Kleingruppenarbeit (2–4 Schüler)

WAS BRAUCHT MAN?

für jede Kleingruppe:

- 1 Holzbrett (mind. 10 cm × 10 cm, mind. 1 cm Materialstärke) (z. B. zugesägt aus einer Holzlatte)
- ca. 5 verschiedenfarbige Haushaltsgummibänder (kleine bis mittlere Größe)
- ca. 10 kleine Nägel
- 1 Hammer
- 1 Geodreieck
- evtl. 1 Zirkel

WIE VIEL ZEIT BRAUCHT MAN?

Vorbereitung: 20–30 min (Die Bretter sind anschließend wiederverwendbar.)
Durchführung: 20–30 min

Was ist vorher zu tun?

Die Holzbretter können Sie selbst zusägen, sich bei Bedarf aber auch z. B. im Baumarkt Ihres Vertrauens oder vom Hausmeisterdienst helfen lassen. Auch die Lehrkraft für Werken und Technik könnte unterstützen bei der Suche nach (Rest-)Material oder beim Zuschnitt.

Jetzt geht's los

Jede Kleingruppe erhält ein Brett und zeichnet darauf einen Kreis. Dessen **Durchmesser** wird mit einer Linie markiert. An den beiden Enden des Durchmessers schlagen die Schüler auf die Kreislinie je einen Nagel so weit ins Holz hinein, dass er noch mindestens 1 cm nach oben herausragt (das Experiment funktioniert auch mit leicht schräg eingeschlagenen Nägeln). Über die beiden Nägel spannen die Schüler ein Gummiband.

An einem beliebigen **Punkt auf der Kreislinie** schlagen die Schüler einen dritten Nagel ein. Das Gummiband wird auch über diesen Nagel gespannt. Das Gummiband bildet auf die Weise ein Dreieck, von welchem die Schüler nun die Winkel messen.
Ein andersfarbiges Gummiband wird über die beiden Nägel an den Enden des Kreisdurchmessers gelegt. Die Schüler schlagen einen vierten Nagel an anderer Stelle in die Kreislinie und spannen das zweite Gummiband auch über diesen Nagel. So ist ein zweites Dreieck entstanden, dessen Winkel ebenfalls gemessen werden.
Auf die Weise lassen Sie die Schüler 3–5 Gummiband-Dreiecke herstellen und deren Winkel ausmessen.

Satz des Thales – Dreiecke am Nagelbrett

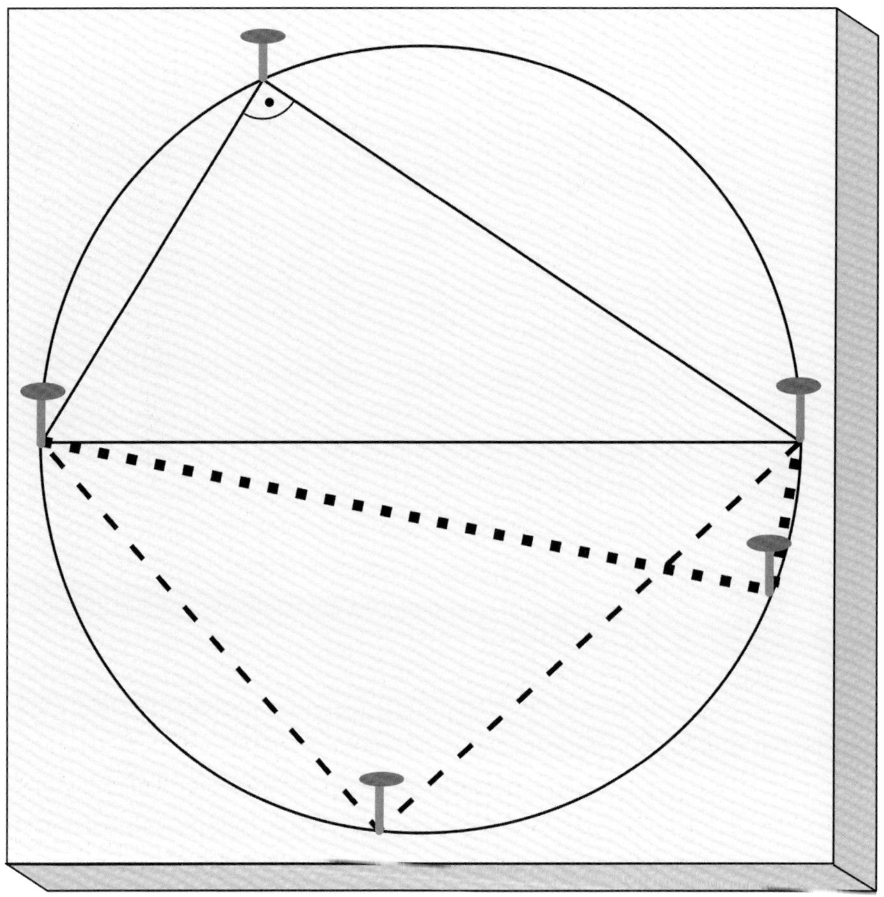

Dann fragen Sie die Schüler, **ob ihnen Gemeinsamkeiten bei den Dreiecken auffallen**. Als möglichen zusätzlichen Tipp können Sie auch speziell nach den Winkeln fragen.

TIPP

Möchten Sie die Bretter der kleinen Version wiederverwenden, fertigen Sie sie mit der ersten Schülergruppe an und lassen diese in die Kreislinie gleich mehrere Löcher machen. Die nächsten Schüler können sie dann wie ein Steckbrett nutzen.

VARIANTE

Für einen lebensgroßen Versuch zeichnen die Schüler mit Kreide draußen einen **großen Kreis auf den Boden**. 2 Personen stellen sich an die Enden des Durchmessers. Eine dritte Person stellt sich auf den Kreisbogen und zeigt mit den Armen auf die beiden anderen. Der Winkel zwischen den Armen ist stets 90 Grad.

Ein Riesenzirkel für draußen ist dabei aus einem Holzstab, längerer Schnur und Kreide schnell gebaut. Auch ein dünner Pfeiler o. Ä. kann als Kreismittelpunkt dienen.

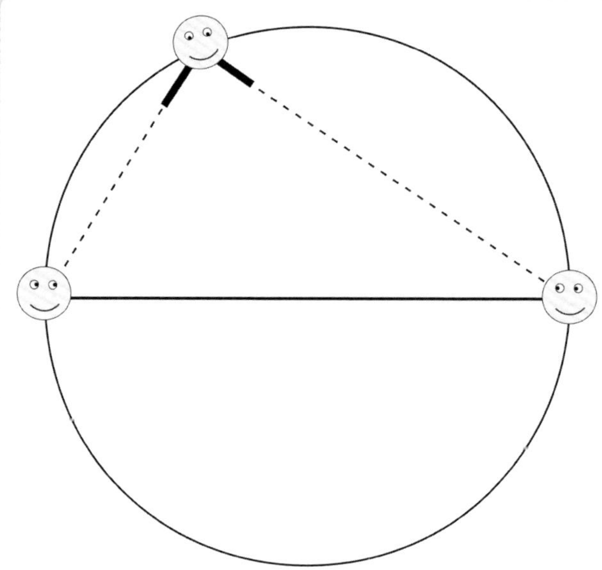

Um- und Inkreise – Durchdrehen erlaubt

WORUM GEHT'S?

Verschiedene Figuren werden um ihren Mittelpunkt gedreht. Dabei werden In- und Umkreise dieser Figuren und deren Zusammenhang mit Mittelsenkrechten, Diagonalen usw. erforscht. Fachbegriffe wie Mittelsenkrechte und Diagonale sollten möglichst schon bekannt sein.

FÜR WEN?

Klassenstufe 7
Einzel- oder Gruppenarbeit (3–4 Schüler)

WAS BRAUCHT MAN?

für jeden Schüler bzw. jede Gruppe:

- 1 DIN-A6-Bogen feste Pappe oder größer (z. B. von der Rückseite eines Schreibblockes)
- 1 Schere
- 1 Lineal oder 1 Geodreieck
- 1 Bleistift
- mindestens 2 Zahnstocher oder 2 Schaschlikstäbe als Drehstäbchen
- 1 Sicherheitsnadel oder 1 Stecknadel

WIE VIEL ZEIT BRAUCHT MAN?

Vorbereitung: ca. 5 min
Durchführung: 30–45 min

Was ist vorher zu tun?

Zur Veranschaulichung können Sie einen Satz Figuren mit Drehstäbchen vorbereiten. Bei Bedarf können Sie die Kopiervorlage „Dreieckstangram-Konturen" (S. 135) und die Kopiervorlage „Dreiecke" (S. 144) für die Schüler kopieren.

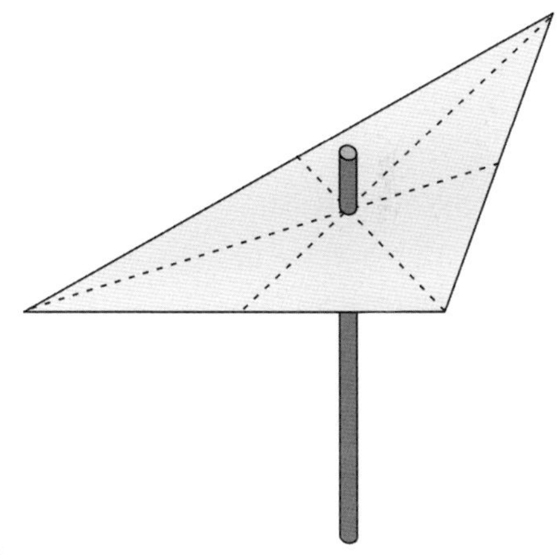

Jetzt geht's los

FIGUREN UND DREHSTÄBE VORBEREITEN

Aus der festen Pappe schneiden die Schüler verschiedene geometrische Grundformen aus. Am besten beginnen sie mit einem **gleichseitigen Dreieck** und einem **Quadrat**. Später können dann weitere Formen ausprobiert werden.
In die ausgeschnittenen Figuren zeichnen die Schüler die Mittelsenkrechten ein. Dann stechen sie mit der Nadel ein Loch durch deren Schnittpunkt und stecken die Spitze des Zahnstochers oder des Schaschlikstabes zwischen 5 und 10 mm weit hinein. Das Stäbchen dient als Drehachse. Damit dieses Drehstäbchen möglichst fest steckt und sich die Pappe beim Drehen auch mitbewegt, sollte das mit der Nadel vorgestochene Loch nicht zu groß sein. Es wird für jede ausgeschnittene Figur ein Drehstäbchen benötigt.

Um- und Inkreise – Durchdrehen erlaubt

FIGUREN DREHEN – UMKREIS

Nun drehen die Schüler ihre Figuren, indem sie das Drehstäbchen in ihren Händen hin und her drehen – so als würde man die Hände zum Wärmen aneinanderreiben. Bei der Drehung beobachten sie die Ecken der Figur. Am besten sieht man das Ergebnis, wenn die Figur vor einem dunklen Hintergrund gedreht wird.
Die Schüler stellen fest, dass die Ecken einen **Kreis** beschreiben, und zwar alle Ecken denselben Kreis. Wenn die Schüler diesen Kreis erkannt haben, können Sie den Begriff **Umkreis** dafür einführen.

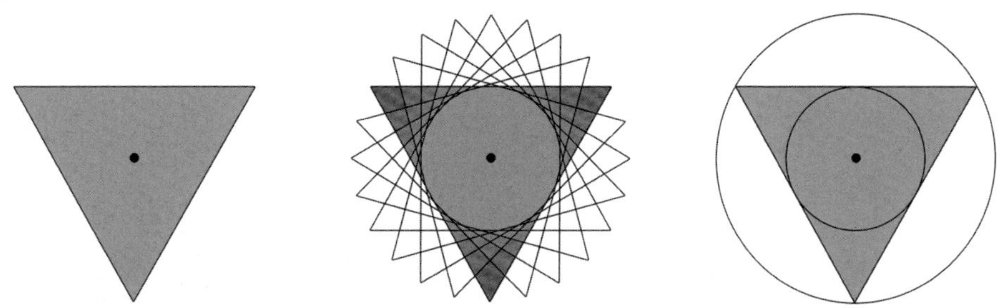

Diesen Versuch führen die Schüler zunächst mit dem gleichseitigen Dreieck und dem Quadrat durch. Dann können Sie weitere Figuren untersuchen lassen, wie z. B. ein allgemeines Dreieck oder weitere Vierecke, insbesondere auch solche, deren Mittelsenkrechte sich nicht in einem Punkt schneiden und die daher keinen Umkreis besitzen.

FIGUREN DREHEN – INKREIS

Im nächsten Schritt zeichnen die Schüler die **Winkelhalbierenden** in das gleichseitige Dreieck und das Quadrat ein und fällen die Lote von deren Schnittpunkt auf die gegenüberliegenden Seiten der Figuren. Den Punkt, wo die Lote auf die Seiten treffen, markieren die Schüler gut sichtbar. Nun wird der Drehstab durch den Schnittpunkt der Winkelhalbierenden gesteckt und die Figur gedreht. Die markierten Punkte beschreiben nun ebenfalls einen Kreis, nämlich den Inkreis.

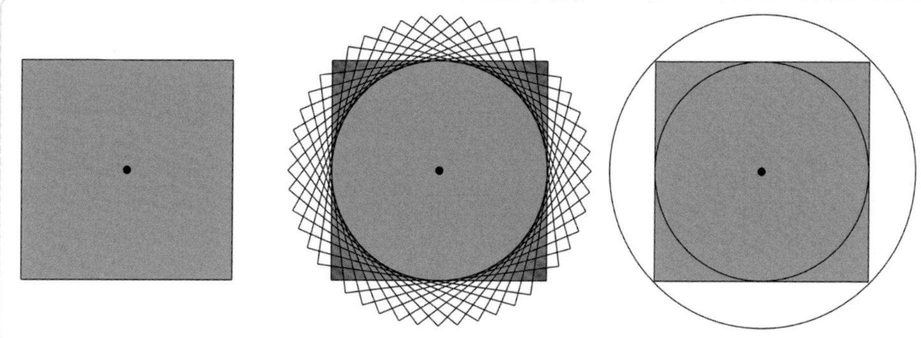

TIPP

Der Inkreis tritt bei der Drehung auch hervor, weil in seinem Innern die sich drehende Figur in der kräftigen Originalfarbe zu sehen ist, in den Bereichen außerhalb des Inkreises jedoch blasser erscheint. (Das erklärt sich dadurch, dass der Innenbereich ständig durch die sich drehende Figur überdeckt ist, der Außenbereich jedoch nicht.)

Um- und Inkreise – Durchdrehen erlaubt

WEITERE FIGUREN AUSPROBIEREN

Indem Sie weitere Figuren untersuchen lassen, können Sie – je nach Unterrichtsziel – die Schüler darauf stoßen lassen, wann eine Figur einen Inkreis hat und wann nicht. Sie können den „Formenschatz" dabei beliebig erweitern, z. B. um regelmäßige und unregelmäßige Vielecke. So können die Schüler u. a. erfahren, dass Dreiecke immer einen Inkreis und einen Umkreis haben, andere Vielecke aber nicht, denn hier müssen jeweils bestimmte Bedingungen erfüllt sein.

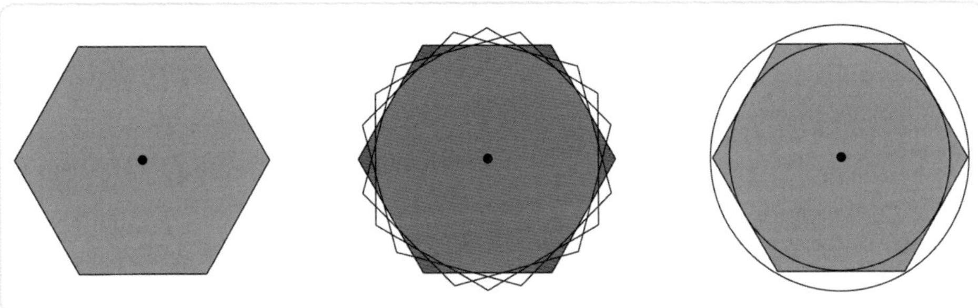

ANDERE DREHPUNKTE AUSPROBIEREN

Auch beim Verschieben der Drehpunkte sind der Fantasie keine Grenzen gesetzt. Lassen Sie die Schüler untersuchen, wie sich das Verhalten der Figur bei der Drehung um unterschiedliche Drehpunkte ändert. Was passiert, wenn man

→ den Schnittpunkt der Diagonalen (im beliebigen konvexen Viereck)
→ einen Punkt am Rand des Vielecks
→ …

als Drehpunkt nutzt?

So können Sie z. B. die Schüler darauf hinführen, dass der **Umkreismittelpunkt** beim rechtwinkligen Dreieck immer auf der **Hypotenuse** sitzt.

Wollen Sie darauf hinarbeiten, dass der Umkreismittelpunkt bei **stumpfwinkligen** Dreiecken außerhalb des Dreiecks liegt, müssen Sie eine entsprechende Figur zuschneiden lassen, die neben dem eigentlichen Dreieck auch den Schnittpunkt der Mittelsenkrechten enthält.

VARIANTE

Lassen Sie ausprobieren, ob ein **Plätzchenausstecher** (z. B. ein Herz oder ein Tannenbaum) einen Umkreis oder einen Inkreis hat.
Dazu nutzen die Schüler die Ausstechform als Schablone, schneiden die Form aus und stecken sie auf den Drehstab. Die Schüler können sich an die Position des Drehpunktes herantasten, die annähernd einen In- oder Umkreis entstehen lässt.

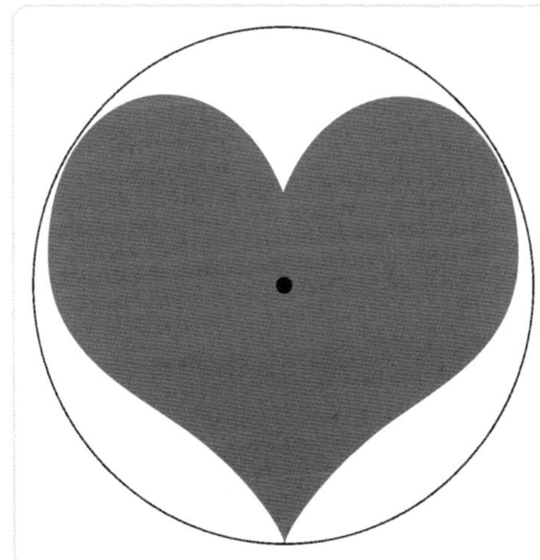

π – Pi mal Daumen

WORUM GEHT'S?

Bei Berechnungen am Kreis, wie Bestimmung von **Umfang** oder **Flächeninhalt**, braucht man die Zahl π. In diesem kleinen Experiment finden die Schüler gemeinsam eine der berühmtesten Zahlen der Mathematik.

FÜR WEN?

Klassenstufe 7
die ganze Klasse

WAS BRAUCHT MAN?

für jeden Schüler:

- → 1 Zirkel
- → 1 Stück Schnur (ca. 50 cm lang)
- → 1 DIN-A4-Blatt
- → 1 Lineal
- → 1 Taschenrechner
- → 1 Stift
- → evtl. 1 Schere

WIE VIEL ZEIT BRAUCHT MAN?

Vorbereitung: ca. 5 min
Durchführung: 15–20 min

Was ist vorher zu tun?

Bereiten Sie für die Auswertung eine Tabelle vor, die Sie gut sichtbar im Klassenraum anbringen. Dabei gibt die Schüleranzahl die Spalten- oder die Zeilenanzahl vor, je nach vorhandenem Platz.

Durchmesser	12 cm	4 cm	6,5 cm	...	...	...
Umfang	37,7 cm	12,5 cm	20,3 cm			
Umfang dividiert durch Durchmesser	3,142	3,125	3,123			

Jetzt geht's los

KREISE ZEICHNEN UND VERMESSEN

Alle Schüler zeichnen mit dem Zirkel einen beliebig großen Kreis auf ihr Blatt Papier. Sie markieren den Mittelpunkt des Kreises, messen den Durchmesser und schreiben diesen neben den Kreis auf das Blatt. Mit der Schnur legen sie den Umfang des Kreises so genau wie möglich nach. Dort, wo die Schnur wieder auf sich selbst trifft, schneiden sie das für einen Kreisumfang benötigte Stück ab. Nun kann die Schnur wieder vom Kreis abgenommen werden. Die Schüler vermessen das entsprechende Schnurstück ebenfalls und notieren dessen Länge.

π – Pi mal Daumen

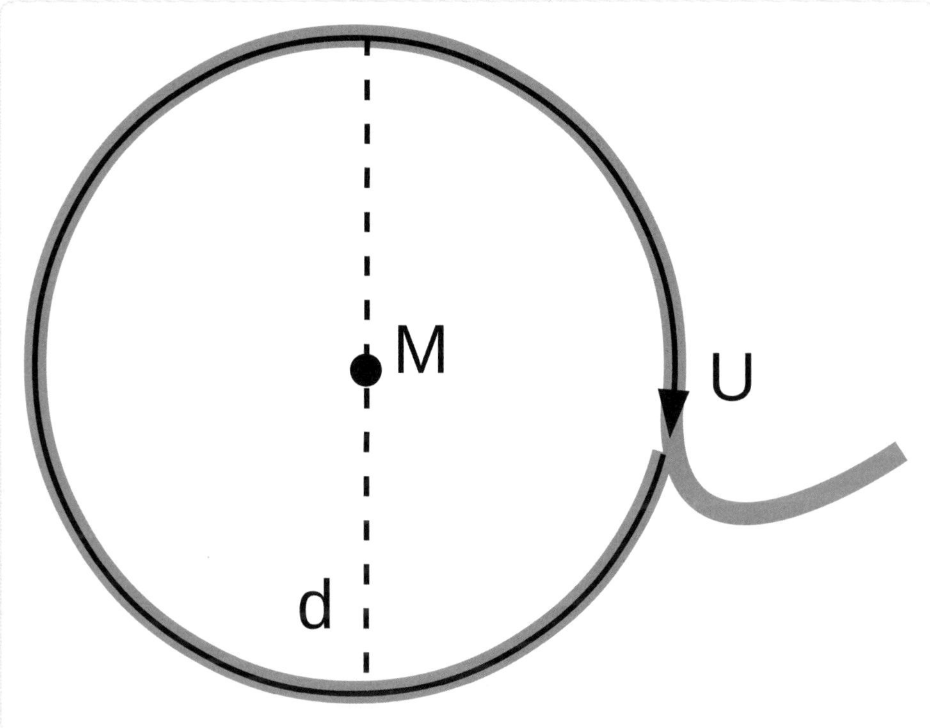

π ERMITTELN

Jetzt kommt der **Taschenrechner** zum Einsatz, mit dessen Hilfe die Schüler die gemessenen Werte des Umfangs durch den jeweiligen Wert des Durchmessers teilen. Schüler, die bereits fertig sind, gehen zur **Übersichtstabelle** und tragen dort ihre Werte ein. Dabei runden sie auf 2–3 Stellen hinter dem Komma.

Sind alle so weit, geht es an die Auswertung, bei der die Werte in der Spalte „Umfang durch Durchmesser" miteinander verglichen werden.
Dabei stellen die Schüler fest, dass – obwohl jeder einen anderen Kreis als Grundlage hatte – das Verhältnis zwischen Umfang und Durchmesser immer sehr ähnlich ist.

Mit diesem Experiment haben die Schüler also eine grobe Annäherung an den tatsächlichen Wert von π erreicht, sodass Sie die Gruppe nun mit dem genauen Wert von π und dem Symbol bekannt machen können.

WISSENSWERTES

Die Zahl π ist benannt nach dem Anfangsbuchstaben des Wortes „periphereia" (griech. für „Randbereich") oder „perimetros" (griech. für „Umfang").

VARIANTE

Die Schüler können auch **runde Gegenstände** mit der Schnur abmessen, z. B. Tassen, Flaschen, CDs ... Etwas schwieriger ist hier natürlich die genaue Ermittlung des Durchmessers. Bei konischen Gegenständen sollte möglichst die Kante der Grund- oder Deckfläche genutzt werden.
Auch mit einer Markierung an einem **Fahrradreifen** kann der Umfang des Reifens beim Rollen auf einem glatten Untergrund, wie z. B. Asphalt, als Linie eingezeichnet werden.

Schrägbilder von Körpern – Schatten

WORUM GEHT'S?

Projektionen verschiedener Körper werden mit Licht als Schattenwurf erzeugt und aufgezeichnet. Die Veränderungen des Schattens bei unterschiedlicher Drehung des Körpers werden untersucht.

FÜR WEN?

Klassenstufe 8
Groß- und Kleingruppenarbeit (4–5 Personen)

WAS BRAUCHT MAN?

für jede Gruppe:

- 1 Lichtquelle, z. B. große Taschenlampe, Beamer
- dunklere Ecke oder Möglichkeit, den Raum abzudunkeln
- 1 Leinwand, 1 freies Wandstück o. Ä.
- für jeden untersuchten Körper 1 DIN-A3-Blatt
- 1 Stift
- Klebestreifen oder Kreppklebeband
- undurchsichtige Körper (z. B. leerer Tetrapak, Dose, Tischtennisball ...)

WIE VIEL ZEIT BRAUCHT MAN?

Vorbereitung: 10–15 min
Durchführung: 20–30 min

Was ist vorher zu tun?

Befestigen Sie ein DIN-A3-Blatt an einer als Leinwand geeigneten Wand und bauen Sie die Lichtquelle in einer Entfernung von ca. 1–1,5 m auf.
Ist es nicht möglich, den Raum abzudunkeln, können Sie mithilfe von auf die Seite gekippten Tischen eine dunklere Ecke einrichten.

Jetzt geht's los

NORMALBILD

Die Lichtquelle strahlt **senkrecht** auf das Papier. Die Schüler halten die einzelnen Körper zwischen die Leinwand und die Lichtquelle, sodass die Schatten der Körper auf dem Papier abgebildet werden. (Um eine scharfe Abbildung zu erreichen, sollte der Gegenstand in geringer Entfernung vor die Leinwand gehalten werden.)

Nun **drehen** die Schüler die Körper im Licht und beobachten, wie sich die Form des Schattens verändert.
Die Umrisse der Schatten bei verschiedenen Drehpositionen des Körpers werden auf das Papier an der „Leinwand" abgezeichnet. Für den nächsten Körper wird ein neues Blatt aufgehängt.

SCHRÄGBILD

Verschieben Sie in einem weiteren Schritt die Lampe seitlich zum Papier, um die Schüler untersuchen zu lassen, wie sich der Schatten bei schrägem Lichteinfall ändert. Achten Sie darauf, dass für senkrechten und schrägen Lichteinfall jeweils dieselben Drehpositionen des Körpers verwendet werden.

Schrägbilder von Körpern – Schatten

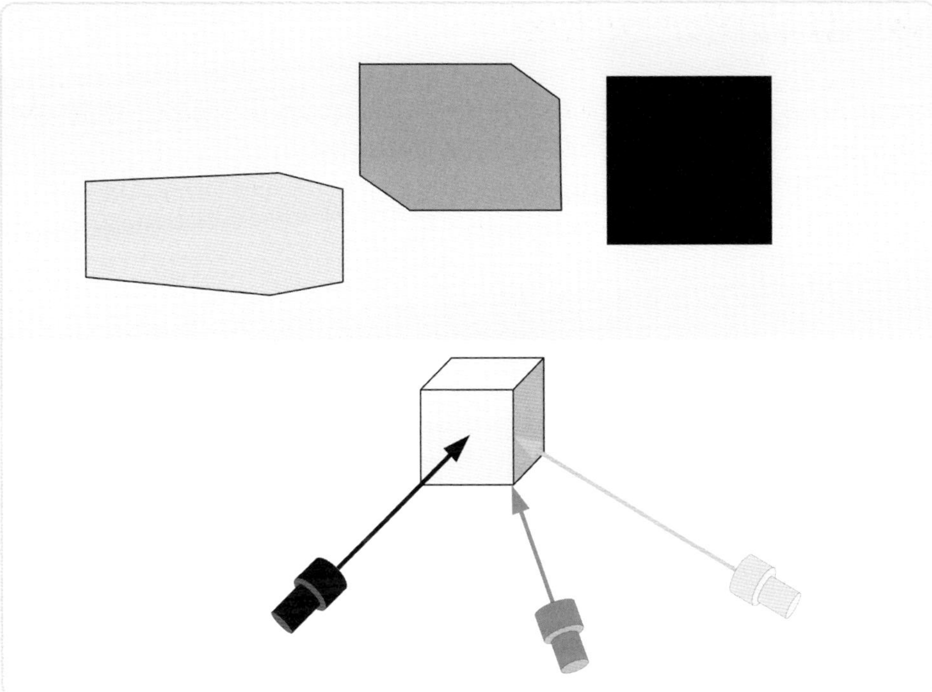

VARIANTE 1

Auch gefaltete Origamifiguren o. Ä. geben spannende Objekte für Projektionen auf der Leinwand ab.

VARIANTE 2

Für diese Variante benötigen Sie etwas **dickeren Draht**. Aus diesem stellen Sie einen Würfel oder andere Körper her, indem Sie lediglich die Kanten entsprechend formen. Vielleicht finden Sie auch einen durchsichtigen Kunststoff- oder Glasbehälter, dessen Kanten Sie dunkel streichen können. Wird dieser in den Lichtweg gehalten, entsteht eine Parallelprojektion der Kanten des Körpers. Lassen Sie die Schüler wieder Normal- und Schrägbilder projizieren.

Perspektivdarstellungen von Körpern – In der Würfelwelt

WORUM GEHT'S?

In dieser Übung konstruieren die Schüler einen **Raum aus Würfeln und Quadern** und üben dabei spielerisch das Zeichnen im perspektivischen Raster. Die Übung kann sowohl für die isometrische Axonometrie als auch für die Frontalperspektive genutzt werden. (Die Darstellungsformen sollten hierfür bereits bekannt sein.)

FÜR WEN?

Klassenstufe 8

Einzel- oder Kleingruppenarbeit (2–3 Personen)

WAS BRAUCHT MAN?

für jeden Schüler bzw. jede Kleingruppe:

→ 1 kariertes DIN-A4-Blatt

→ 1 Bleistift

→ 1 Radierer

→ 1 Lineal oder 1 Geodreieck

WIE VIEL ZEIT BRAUCHT MAN?

Vorbereitung: ca. 30 min

Durchführung: 30–35 min

Was ist vorher zu tun?

Bereiten Sie ein paar Beispiele vor, damit die Schüler sehen, wie die Raumraster und die einzuzeichnenden Gegenstände aussehen sollen.

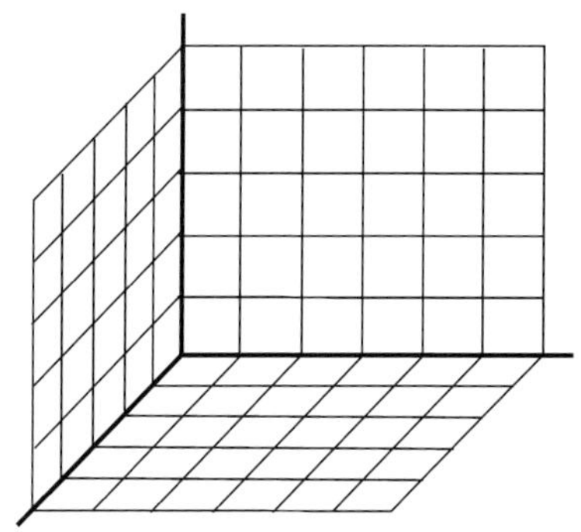

Isometrie

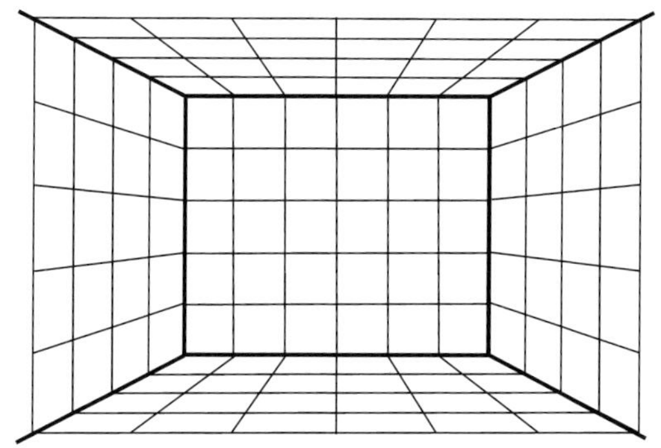

Zentralperspektive

Jetzt geht's los

Die Schüler legen das karierte DIN-A4-Blatt im Querformat vor sich und zeichnen darauf mittig ein **Raumraster**, welches das ganze Blatt ausfüllt (als isometrisches Raster oder als Raum mit Frontalperspektive; je nachdem, welche Darstellungsart Sie vorgeben).

Als Einstieg erzählen Sie den Schülern, dass sie sich nun in einer Welt befinden, die nur aus Würfeln, Quadern und anderen eckigen Formen aufgebaut ist.

Perspektivdarstellungen von Körpern – In der Würfelwelt

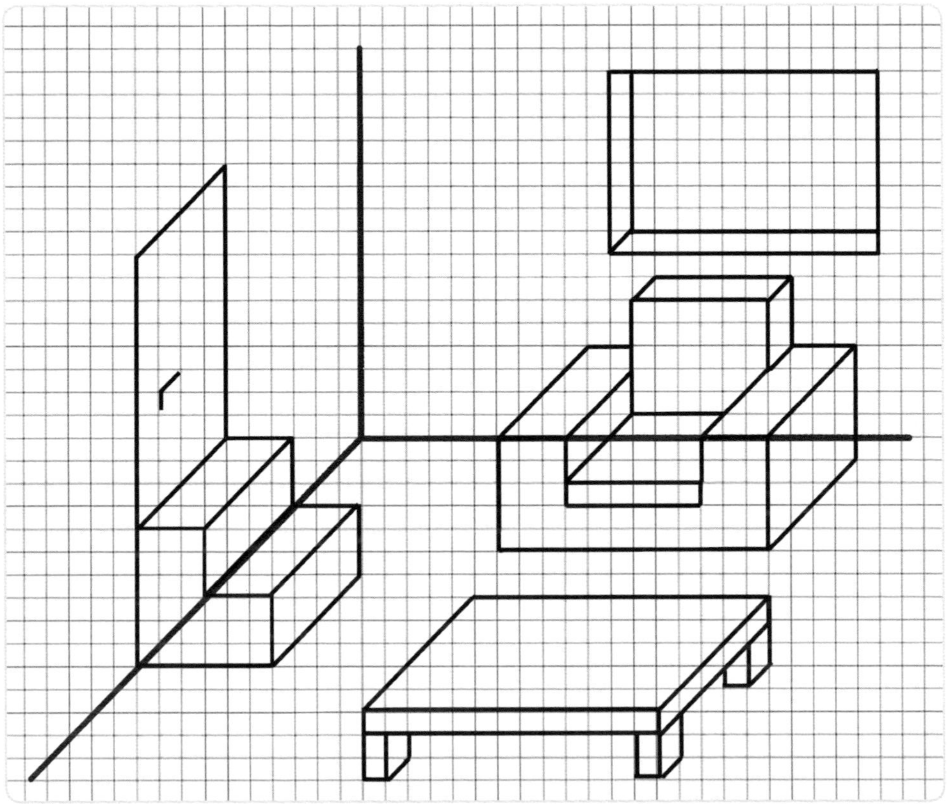

TIPP

Die entstandenen Zeichnungen können die Schüler wie in einer kleinen Galerie im Klassenraum aufhängen, um sich gegenseitig ihre Ideen zu zeigen.

Die Schüler erhalten nun die Aufgabe, das Raster auf ihrem Papier mit verschiedenen Gegenständen zu füllen, sodass ein Zimmer oder eine Landschaft entsteht. Dabei sollen sie zunächst mit einfachen Körpern beginnen (Würfel, liegende und stehende Quader usw.) und können sich dann an komplexere Dinge, wie zusammengesetzte Körper oder Objekte mit Hohlräumen, wagen. Sie können auch solche Dinge wie Fenster, Türen, Treppenstufen in ihre Zeichnung mit einbeziehen oder sogar versuchen, Lebewesen mithilfe von Würfeln darzustellen. Lassen Sie die Schüler ihre Fantasie nutzen. Einzige Bedingung: Die Objekte müssen richtig ins Raster eingezeichnet werden.

VARIANTE

Als weitere Herausforderung können Sie den Schülern auch vorgeben, dass einige der Körper aus Eis oder Glas sein sollen. So werden alle Ecken und Kanten dieser Körper sichtbar und müssen von den Schülern mit eingezeichnet werden. Hierbei reicht es, wenn nur wenige Objekte eingezeichnet werden, da es sonst schnell unübersichtlich wird.

Rotationssymmetrie – In einem Dreh verwandelt

WORUM GEHT'S?

Dieses Experiment veranschaulicht Rotationssymmetrie und Rotationsachsen von Körpern: Werden Körper in Rotation versetzt, verändern einige ihr Erscheinungsbild, andere aber nur unter bestimmten Umständen oder gar nicht.

FÜR WEN?

Klassenstufe 5
Einzel- oder Kleingruppenarbeit (3–4 Schüler)

WAS BRAUCHT MAN?

für jeden Schüler:

- für jeden zu formenden Körper 1 Zahnstocher, 1 Schaschlikstab, 1 Bleistift o. Ä.
- Knetmasse oder Styropor
- evtl. 1 Messer oder 1 Cutter

WIE VIEL ZEIT BRAUCHT MAN?

Vorbereitung: ca. 5 min (Bau von Vorführexemplaren ca. 20 min)
Durchführung: ca. 30 min

Was ist vorher zu tun?

Zur Veranschaulichung, wie die zu formenden Körper aussehen sollen, können Sie einen Satz Körper vorbereiten.

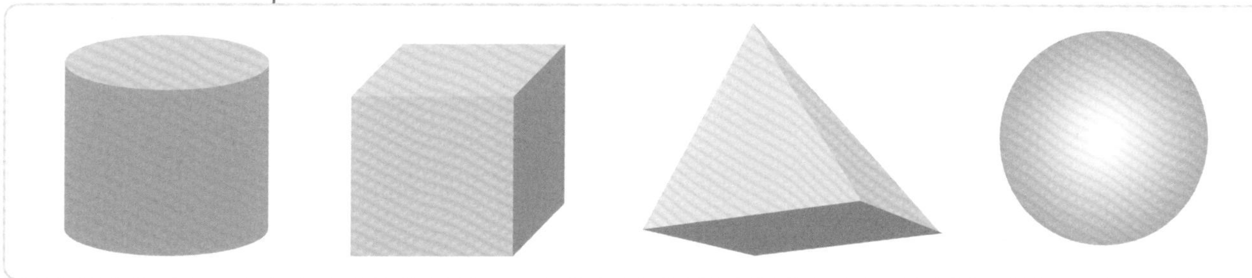

Jetzt geht's los

Die Schüler formen verschiedene **geometrische Grundkörper** aus Knete oder schneiden sie aus Styropor zu, z. B. Kugel, Zylinder, Würfel, Quader, Kegel, Pyramide. Die Formen stecken sie auf ein Holzstäbchen oder auch einen Bleistift und beginnen, den Körper um diese Rotationsachse zu drehen.

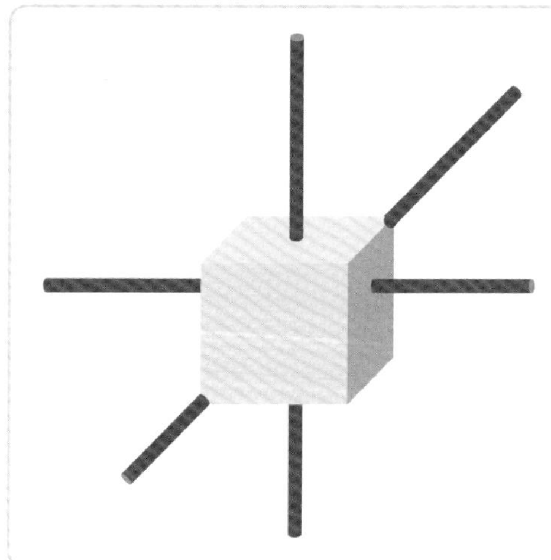

Rotationssymmetrie – In einem Dreh verwandelt

VERSCHIEDENE DREHACHSEN AUSPROBIEREN

Die Schüler stecken die Drehachse an unterschiedlichen Stellen durch die Körper z. B.:

- → mittig oder nicht mittig in einer Körperfläche,
- → senkrecht oder schräg in einer Fläche,
- → diagonal von einer Ecke zur gegenüberliegenden Ecke,
- → diagonal von einer Kante zur gegenüberliegenden Kante,
- → bei Körpern mit gekrümmten Oberflächen, wie Zylinder oder Kegel, in der gewölbten Fläche.

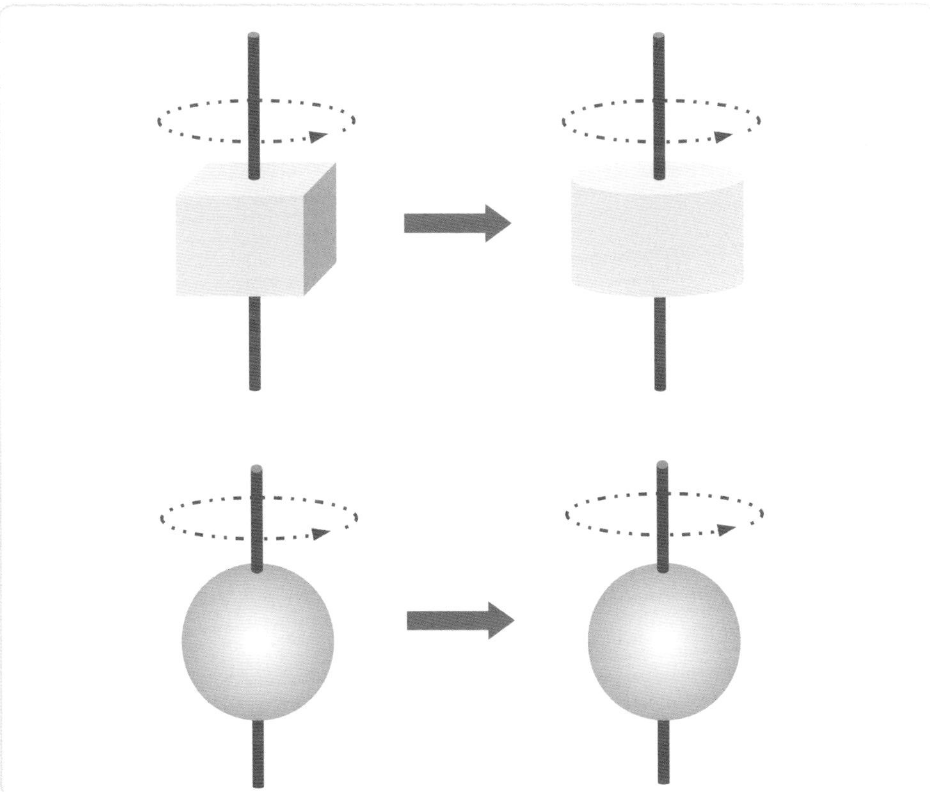

Die Schüler erkunden dabei das unterschiedliche Verhalten der Körper bei der Drehung um die jeweilige Rotationsachse.

ROTATIONSSYMMETRISCHE KÖRPER

Fragen Sie, ob es Varianten gibt, bei denen ein Körper während der Drehung (bzw. auch nach einer Drehung um einen beliebigen Winkel) genauso aussieht wie vorher. Bei welchen Drehachsen bleibt die Kugel eine Kugel? Behalten Kegel und Zylinder bei der Drehung um die Längsachse ihre ursprüngliche Form?

Nach diesen Erfahrungen können Sie nun auf Begriffe wie **Rotationssymmetrie**, Rotationskörper und deren Eigenschaften eingehen.

VARIANTE

Große **Holzperlen** in verschiedenen Formen können auch für den Versuch genutzt werden. Diese werden mit etwas Knete am Holzstäbchen fixiert.
Was passiert mit **anderen Körpern**, wenn man sie um eine durch das Körperinnere gehende Achse dreht, z. B. eine Flasche, einen Schuh ...?
Eine Töpferscheibe oder eine der großen Spielplatzdrehscheiben kann ebenfalls für ein Experiment genutzt werden, um darauf Gegenstände in Rotation zu versetzen.

Rotationskörper - Von 2D zu 3D

WORUM GEHT'S?

Durch das Drehen 2-dimensionaler Figuren um **verschiedene Achsen** werden Eigenschaften und Zusammenhänge von Rotationskörpern erforscht, z. B. in welchen Rotationskörpern welche Grundformen stecken, dass Rotationskörper eine in mindestens einer Richtung gekrümmte Oberfläche haben oder dass nur Drehungen um bestimmte Achsen auch zu Rotationskörpern führen.

FÜR WEN?

Klassenstufe 5
Einzel- oder Gruppenarbeit (3–4 Schüler)

WAS BRAUCHT MAN?

für jeden Schüler:

- je nach Anzahl und Größe der herzustellenden Formen DIN-A4-Blätter oder DIN-A4-Bögen Tonkarton
- 1 Schere
- 1 Zahnstocher o. Ä.
- Klebstoff oder Klebestreifen
- 1 Lineal oder 1 Geodreieck
- 1 Bleistift

WIE VIEL ZEIT BRAUCHT MAN?

Vorbereitung: ca. 5 min (Bau von Vorführexemplaren ca. 20 min)
Durchführung: ca. 30 min

Was ist vorher zu tun?

Um zu demonstrieren, wie die zu bauenden Formen aussehen sollen, können Sie einen Satz „Stab-Formen" vorbereiten. Bei Bedarf kann die Kopiervorlage „Dreieckstangram-Konturen" (S. 135) und die Kopiervorlage „Dreiecke" (S. 144) für die Schüler kopiert werden.

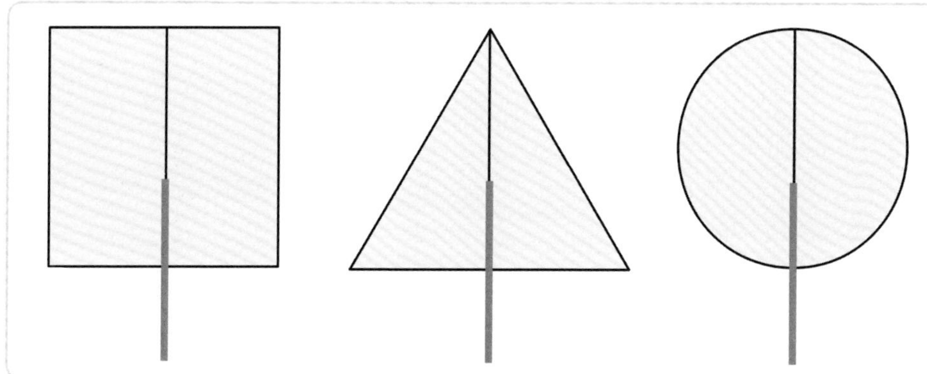

© Dr. Wiebke Salzmann

Jetzt geht's los

EBENE FIGUREN ...

Die Schüler schneiden aus Papier oder Tonkarton verschiedene geometrische Grundformen aus. Am besten beginnen sie mit einem **gleichseitigen Dreieck**, einem **Quadrat** und einem **Kreis**. Später können dann weitere Formen ausprobiert werden. In die Formen zeichnen die Schüler entweder eine Mittelsenkrechte oder eine Winkelhalbierende bzw. den Durchmesser ein. Auf der eingezeichneten Linie befestigen sie mit Klebestreifen je einen Zahnstocher so, dass er etwa zur Hälfte seiner Länge über die Form hinausragt.

Rotationskörper – Von 2D zu 3D

… IN RÄUMLICHE KÖRPER VERWANDELN

Nun wird der überstehende Teil des Zahnstochers zwischen den flach ausgestreckten Fingern beider Hände gedreht. (Die Bewegung ist dieselbe wie beim Aneinanderreiben der Hände, um diese zu wärmen.)

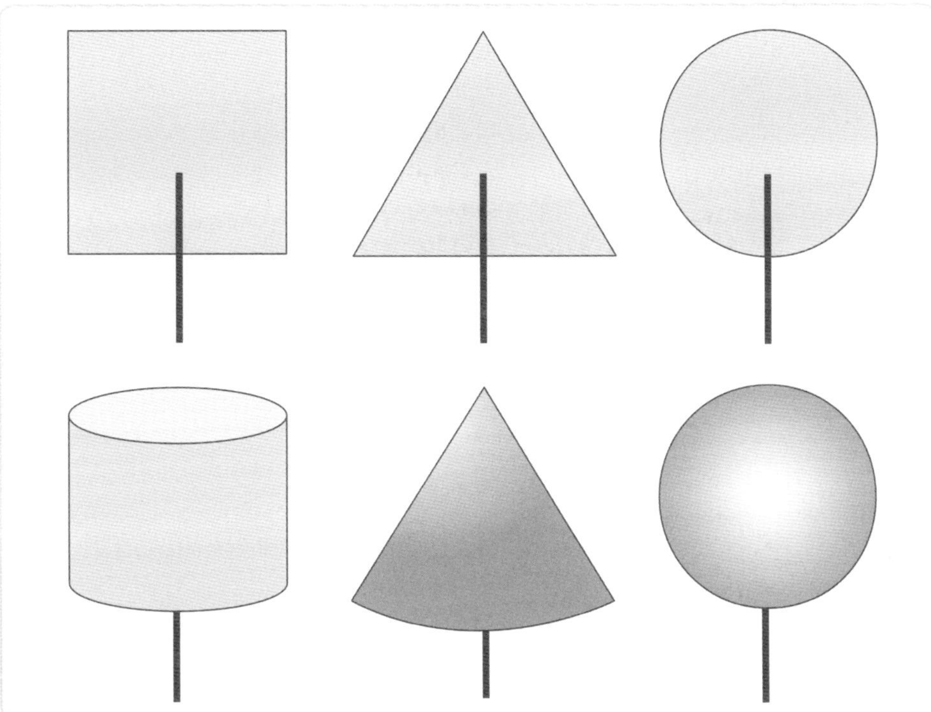

Die Schüler beobachten nun, in welchen 3-dimensionalen Körper sich die ursprünglich 2-dimensionale Form scheinbar verwandelt. So wird z. B. aus einem Quadrat ein Zylinder, aus einem Dreieck ein Kegel, aus einem Kreis eine Kugel.
Nun können die Schüler auch andere Formen ausprobieren und erforschen, wie sich diese verändern.

Nach den ersten Versuchen werden die Zahnstocher nun auch entlang anderer Linien angeklebt, z. B.:
- ein Stück neben der Mittelsenkrechten oder Winkelhalbierenden,
- an einer Kante der Form,
- so, dass der Zahnstocher zu keiner Kante senkrecht oder parallel ist.

Wieder untersuchen die Schüler, welche Formen beim Drehen scheinbar entstehen und wie sich diese von den vorherigen unterscheiden.

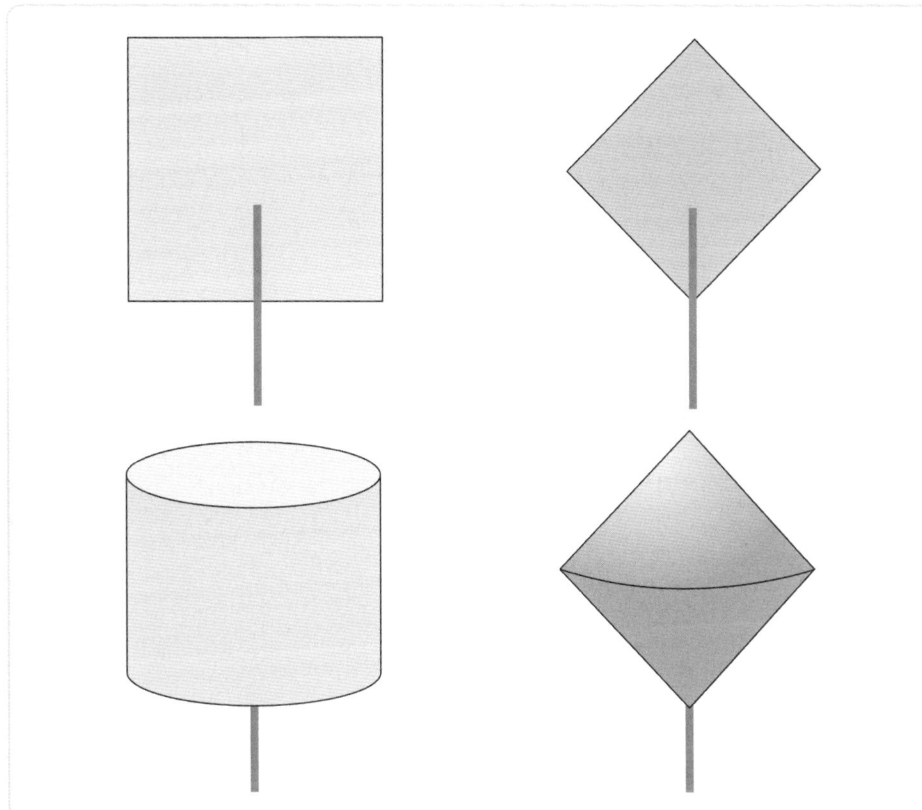

Koordinatensystem – Koordinaten im Alltag

WORUM GEHT'S?

Koordinaten werden im Alltag häufiger genutzt, als es einem zunächst bewusst ist. Zunächst lernen die Schüler Koordinatensysteme wie Stadtpläne kennen, dann erstellen sie selbst einen Plan mit Koordinatenachsen und nutzen diesen spielerisch zur Orientierung.

FÜR WEN?

Klassenstufe 5–6
Einzel- oder Großgruppenarbeit

WAS BRAUCHT MAN?

für jeden Schüler:

- 1 Landkarte oder 1 Stadtplan des eigenen Ortes
- 1 Weltkarte mit Längen- und Breitengraden
- 1 Schachfeld (oder 1 Abbildung davon)

WIE VIEL ZEIT BRAUCHT MAN?

Vorbereitung: 5–10 min (zusätzlich Zeit für evtl. Bildrecherche)
Durchführung: ca. 45 min

Was ist vorher zu tun?

Sammeln Sie verschiedene Anschauungs-Beispiele in Form von Bildern oder Gegenständen, wie:

- Schachbrett
- andere Spiele, z. B. Schiffe versenken
- Hinweisschilder zu Gas- und Wasserleitungen
- Landkarten
- Weltkarte mit Breiten- und Längengraden (u.a. Verwendung beim Geocachen)
- Excel-Tabellen u. Ä.
- Klingelschilder an großen Wohnblocks

Jetzt geht's los

BEISPIELE KENNENLERNEN

Lassen Sie die Schüler Beispiele sammeln, bei denen ein Ort oder eine bestimmte Stelle oder auch ein Feld auf einem Spielbrett durch ein Paar von Zahlen oder Buchstaben angegeben wird.
Veranschaulichen Sie genannte Beispiele durch Ihre mitgebrachten Demonstrationsobjekte.

Thematisieren Sie **Unterschiede**. Bei diesen Beispielen werden mit den Koordinaten meistens Felder, also Flächen, benannt. Die Breiten- und Längengrade auf Weltkarten und Hinweisschilder zu Gas- und Wasserleitungen hingegen beziehen sich auf Schnittpunkte von Linien, so wie es auch im Koordinatensystem in der Mathematik der Fall ist.

Koordinatensystem – Koordinaten im Alltag

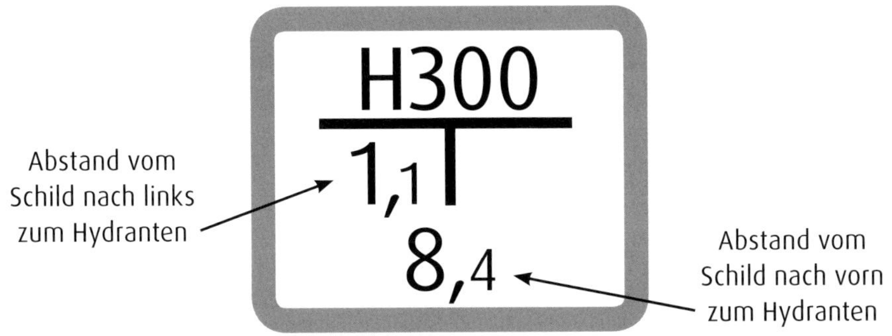

Ein weißes Schild mit rotem Rand steht für „Löschwasserhydrant".

KOORDINATENSYSTEM SELBST ERSTELLEN

Nun fertigen die Schüler selbst ein Koordinatensystem für einen bestimmten Ort an (z. B. für den Klassenraum, einen eingegrenzten Außenbereich, das Häuserkarree o. Ä.). In dieses Koordinatensystem werden nun, wie bei einem Lageplan, die Gegenstände oder Häuser oder ... eingetragen, die sich in dem betreffenden Bereich befinden. Diese selbst erstellte Karte kann nun für eine kleine **Schatzsuche** genutzt werden, bei der Sie oder einer der Schüler etwas versteckt und die Koordinaten des Verstecks nennt. (Vielleicht haben Sie ja auch schon vor Beginn der Stunde eine kleine Überraschung z. B. in einem der Schränke versteckt.)
Anhand der Koordinatenangaben und des Lageplans suchen die (anderen) Schüler nun den versteckten Schatz. Bildet man mehrere Teams, kann ein kleines Wettspiel daraus werden.

VARIANTE

Eine Person wird mit dem Lageplan des Raums nach draußen geschickt. Dann wird im Raum etwas umgestellt und die Person wieder hereingerufen. Sie versucht nun herauszufinden, was verschoben wurde, und es wieder an die „Ausgangskoordinaten" zurückzubringen.

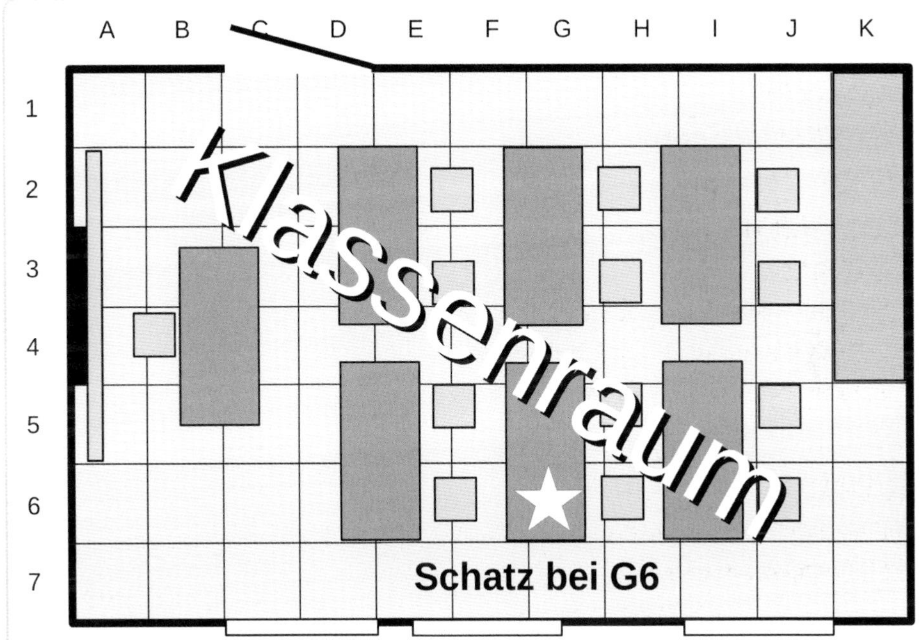

Koordinatensystem – Schiffe versenken

WORUM GEHT'S?

Schiffe versenken kennt fast jeder! Das Spiel kann genutzt werden, um das Koordinatensystem in der Klasse einzuführen und um den Umgang damit spielerisch zu üben.

FÜR WEN?

Klassenstufe 5
2er-Teams

WAS BRAUCHT MAN?

für jeden Schüler:

- → 1 Stift
- → 1 kariertes DIN-A4-Blatt
- → ggf. Knete in 2 Farben und ausreichend Zahnstocher für die 3-dimensionale Variante

WIE VIEL ZEIT BRAUCHT MAN?

Vorbereitung: ca. 5 min
Durchführung: 15–20 min

Was ist vorher zu tun?

Bei diesem Experiment brauchen Sie nichts vorzubereiten.

Jetzt geht's los

SPIELFELDER VORBEREITEN

Die Schüler bereiten in 2er-Teams ihre Spielfelder vor, z. B. in den Maßen 8 Kästchen × 8 Kästchen oder 10 Kästchen × 10 Kästchen. Dabei weichen folgende Dinge vom sonst üblichen Spielfeld ab:

- → Die beiden Achsen werden nicht mit Zahlen und Buchstaben versehen, sondern beide Achsen tragen Zahlenwerte.
- → Die Schiffe liegen nicht in den Kästchen, sondern auf den Kreuzungspunkten der Linien des Papiers.

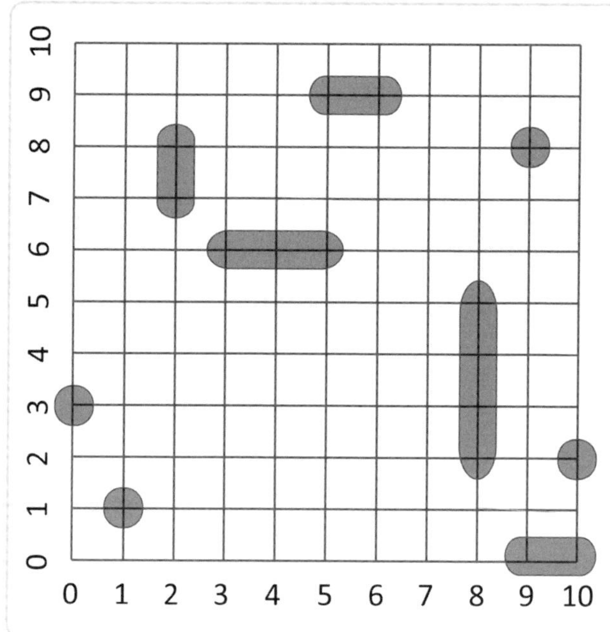

Koordinatensystem – Schiffe versenken

SCHIFFE VERSENKEN

Legen Sie fest, wie die Koordinaten genannt werden müssen – erst die x-Koordinate, dann die y-Koordinate. Je 2 Schüler treten nun gegeneinander an und versuchen nach den üblichen Regeln, alle Schiffe des Gegners zu versenken.
Falls Zeit und Lust besteht, kann sogar ein kleines **Turnier** gestartet werden.
(Sehr gut geeignet für Vertretungsstunden oder die letzte Stunde vor den Ferien!)

VARIANTE

Sind die Schüler sicher im Umgang mit dem I. Quadranten des Koordinatensystems, kann das Spielfeld um die anderen Quadranten erweitert werden.

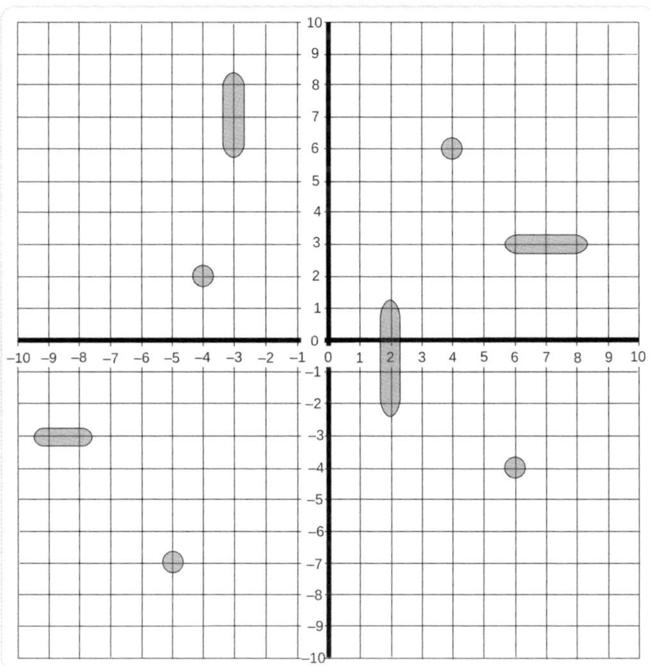

RÄUMLICHES KOORDINATENSYSTEM

Als Herausforderung für „Profis" und den Einstieg in das 3-dimensionale Koordinatensystem kann das Spielfeld auch 3-dimensional gebaut werden.
Dabei wird aus den Zahnstochern, die an den Kreuzungspunkten mit Knete verbunden werden, ein 3-dimensionales Koordinatengitter gebaut. Als Startgitter bieten sich die Maße 3 × 3 × 3 an. Die Knotenpunkte ohne Schiff sind dabei aus einer Knetfarbe, die Knotenpunkte mit Schiff in der anderen Farbe.
Will man die Zahnstocher-Konstruktion mehrfach verwenden, kann man auch in die gewünschten Kreuzungspunkte Fähnchen stecken oder Reißzwecken.
Die gebauten Konstruktionen werden über einen Sichtschutz (z. B. ein hochkant aufgestelltes Buch) vor den Blicken des Gegners geschützt.
Dann wird festgelegt, wie und in welcher Reihenfolge die Zahlen genannt werden müssen, und das Spiel analog zur 2-dimensionalen Version durchgeführt.

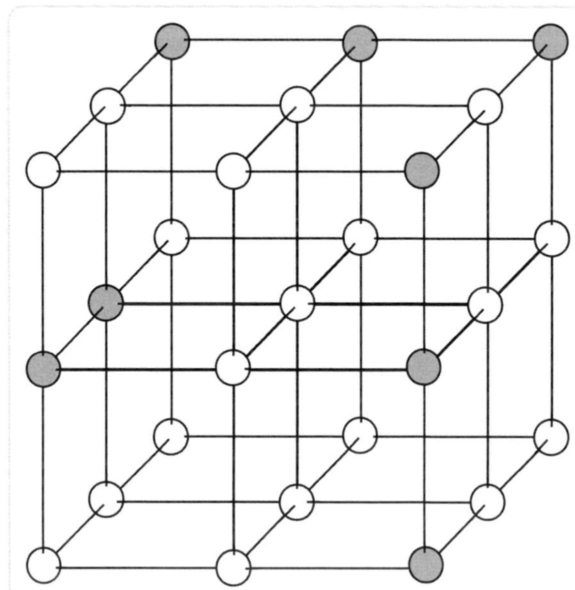

Möbiusband – Von 2D zu 3D

WORUM GEHT'S?

Das Möbiusband fasziniert die Menschen seit seiner Entdeckung. Diese kleine Knobelei fördert das **räumliche Vorstellungsvermögen** und verbindet auf spannende Weise die zweite mit der dritten Dimension.

FÜR WEN?

Klassenstufe 7
Einzel- oder Gruppenarbeit (2–4 Schüler)

WAS BRAUCHT MAN?

für jeden Schüler:

→ 1 Papierstreifen (ca. 2 cm × 30 cm)
→ 1 Stift
→ Klebstoff, Klebestreifen oder ein paar Büroklammern

WIE VIEL ZEIT BRAUCHT MAN?

Vorbereitung: ca. 2 min
Durchführung: ca. 15 min

Was ist vorher zu tun?

Zerschneiden Sie ein DIN-A4-Blatt entlang der langen Kante in ca. 2 cm breite und 30 cm lange Streifen. Sie können dies auch mit den Schülern zusammen tun.

Jetzt geht's los

Stellen Sie den Schülern die Aufgabe, den Papierstreifen so zu verändern, dass er statt einer Unter- und Oberseite (bzw. Innen- und Außenseite) **nur noch eine Fläche** hat. Geben Sie den Hinweis, dass man dies überprüfen kann, indem man mit einem Stift auf einer Seite des Streifens startet und den Streifen entlangfährt. Kommt man schließlich auf der anderen Seite an, ohne dass der Stift die Seite gewechselt hat, ist die Aufgabe erfüllt. Man kann auch an der Kante des Bandes entlangfahren, dann zeigt sich, dass es auch nur eine lange durchgängige Kante gibt.
Das Papier darf dabei nicht zerschnitten oder zerrissen werden.

TIPP

Alternativ kann man bei einem größeren Streifen auch ein Spielzeugauto o. Ä. zum Abfahren des Streifens benutzen.

VERDREHEN FÜHRT ZUR LÖSUNG

Die Schüler erfüllen die Aufgabe, indem sie den Streifen entlang der Längsachse um 180° verdrehen (also eine halbe Drehung durchführen) und dann die beiden Enden des Streifens zusammenkleben.

Möbiusband – Von 2D zu 3D

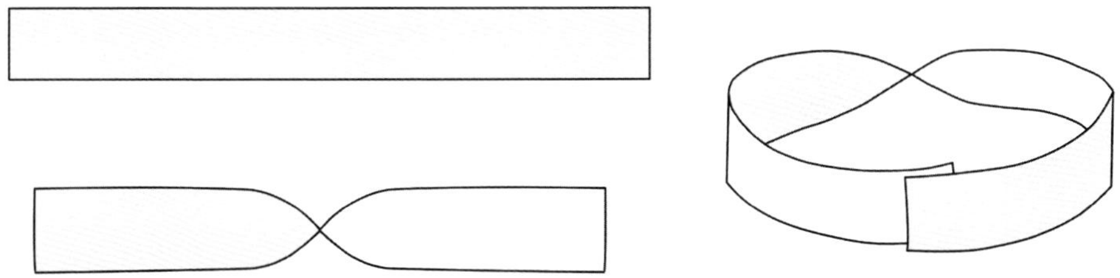

MÖBIUSBÄNDER ZERSCHNEIDEN

Zerschneidet man ein Möbiusband entlang der Mittellinie in Längsrichtung, entsteht ein doppelt gedrehtes längeres Band, jedoch ohne den „Möbiuseffekt“.
Wird ein Möbiusband entlang der Mittellinie gedrittelt, zerfällt es in ein doppelt verdrehtes längeres Band und eine daran hängende einzelne Möbiusschleife.

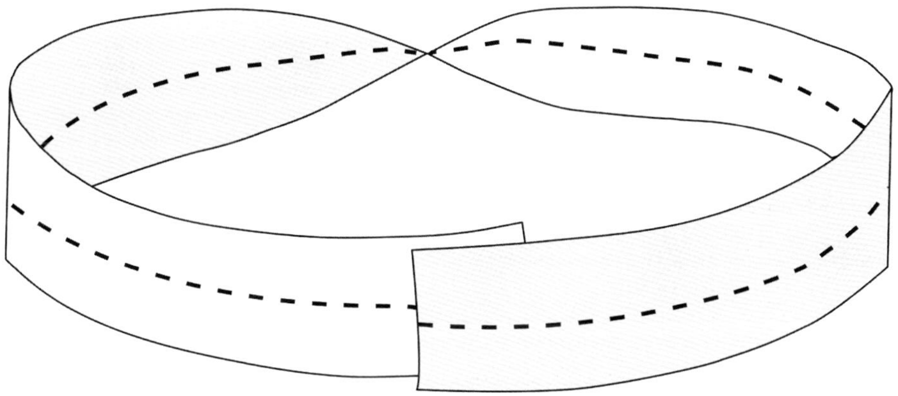

VARIANTEN

Möbiusbänder können alle möglichen Formen, Längen und Verschlingungen haben oder auch verzweigt sein – es muss nur die Anzahl der Drehungen vor dem Zusammenfügen der Enden immer ein **ungerades Vielfaches von 180°** betragen. Lassen Sie Ihre Schüler ruhig ein wenig herumprobieren und eigene Möbiusbänder gestalten. Vielleicht finden sie diese Regel dabei selbst heraus.

WISSENSWERTES

Im Alltag wird das Möbiusband z. B. häufig beim Einbau von Antriebsriemen und Förderbändern genutzt, um beide Bandseiten gleichmäßig abzunutzen.

Flächeninhalt von Kreisen – das Kreispuzzle

WORUM GEHT'S?

Die Formel für den Flächeninhalt eines Kreises kann mit diesem kleinen Versuch anschaulich hergeleitet werden. Die Formel zur Umfangsberechnung eines Kreises sollte vor dem Experiment bekannt sein.

FÜR WEN?

Klassenstufe 8
Einzelarbeit

WAS BRAUCHT MAN?

für jeden Schüler:

- → 1 DIN-A4-Blatt Papier oder 1 DIN-A4-Bogen Tonkarton
- → 1 Stift
- → 1 Schere
- → 1 Zirkel
- → 1 Geodreieck oder 1 Lineal

WIE VIEL ZEIT BRAUCHT MAN?

Vorbereitung: keine
Durchführung: ca. 15 min

Was ist vorher zu tun?

Für dieses Experiment ist keine Vorbereitung notwendig.

Jetzt geht's los

Die Schüler zeichnen einen großen Kreis auf das Papier und zeichnen eine **gerade** Anzahl (mindestens 16) gleich großer Kreissektoren ein. Je kleiner die Sektoren sind, desto genauer ist das Versuchsergebnis. Dann zerschneiden sie den Kreis in diese Teile und halbieren einen der Kreissektoren noch einmal längs seiner Achse. Legen sie diese Einzelteile dann so aneinander, dass die Spitzen abwechselnd nach oben und nach unten zeigen, nähert sich die entstehende Figur einem Rechteck an. (Die beiden Hälften des halbierten Kreissektors bilden die Randstücke.)

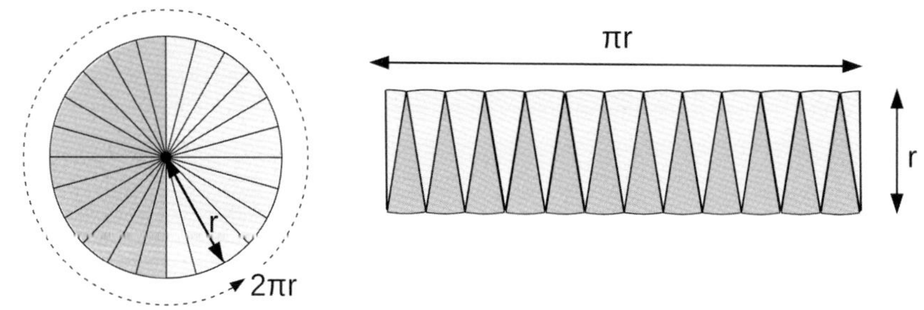

Nun können die Schüler die Formel zur Flächenberechnung bei Rechtecken als Grundlage nehmen und mit ihrer Hilfe den Flächeninhalt des Kreises abschätzen. Die Schmalseite a entspricht dem **Radius** r des Kreises, die lange Seite b in grober Näherung dem halben **Umfang** $U = 2\pi r$, damit ist:

$$\mathbf{A = a \times b = r \times \pi r = \pi r^2}$$

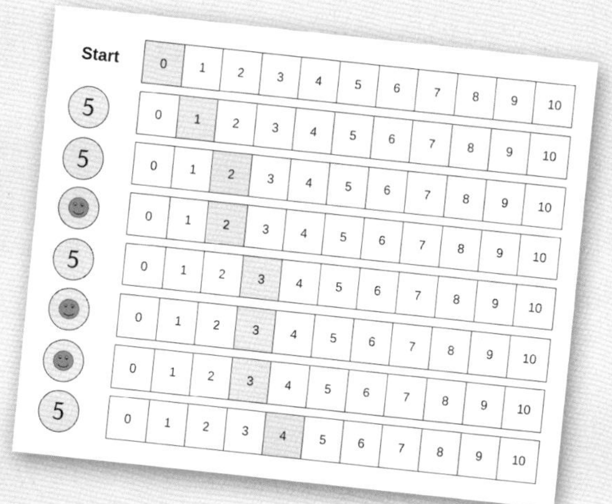

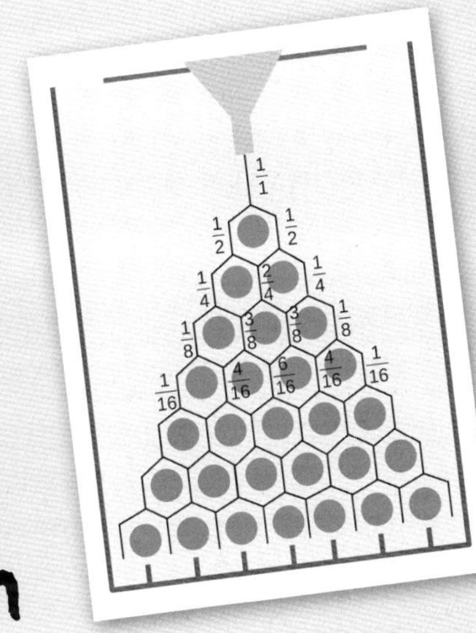

Stochastik

Wahrscheinlich ganz einfach

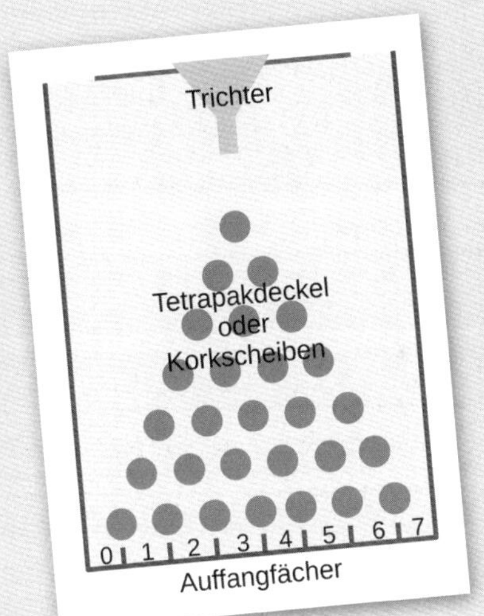

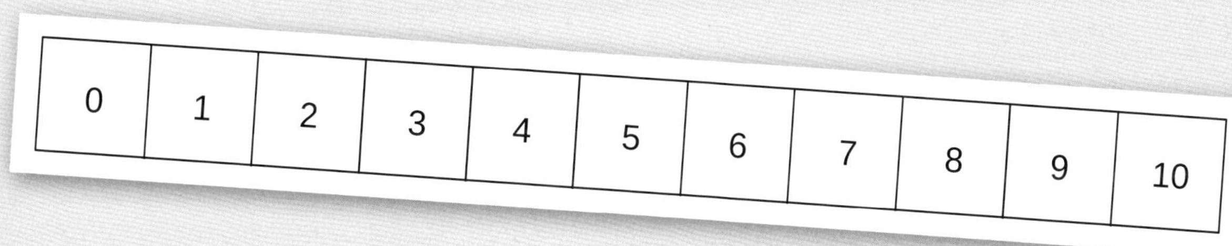

Würfelexperiment – Altes Spiel mit neuen Regeln

WORUM GEHT'S?

Bei dieser Variante von **„Mensch ärgere dich nicht"** wird mit 2 Würfeln und Sonderregeln gespielt. Im Gegensatz zum normalen Spielverlauf arbeitet man hier also mit einem **2-stufigen Zufallsversuch**. Die Wahrscheinlichkeiten beim Würfeln mit nur einem Würfel, also dem 1-stufigen Zufallsversuch, sollten bereits bekannt sein. Besonders geeignet ist dieses Experiment für Vertretungsstunden oder vor den Ferien!

FÜR WEN?

Klassenstufe 6–7
Kleingruppenarbeit (max. 4 Schüler)

WAS BRAUCHT MAN?

für jede Kleingruppe:

→ 2 Würfel
→ 1 „Mensch ärgere dich nicht"-Spielbrett

für jeden Schüler:

→ evtl. Papier und 1 Stift
→ 4 Spielfiguren

WIE VIEL ZEIT BRAUCHT MAN?

Vorbereitung: ca. 5 min
Durchführung: 30–45 min

Was ist vorher zu tun?

Verteilen Sie die Spielbretter samt Spielfiguren und Würfel an die Kleingruppen.

Jetzt geht's los

VORÜBERLEGUNGEN ANSTELLEN

Zunächst überlegen die Schüler, welche möglichen Ergebnisse es beim Würfeln mit 2 Würfeln gibt und mit wie vielen verschiedenen Zahlenkombinationen die einzelnen Ergebnisse jeweils erreicht werden können.

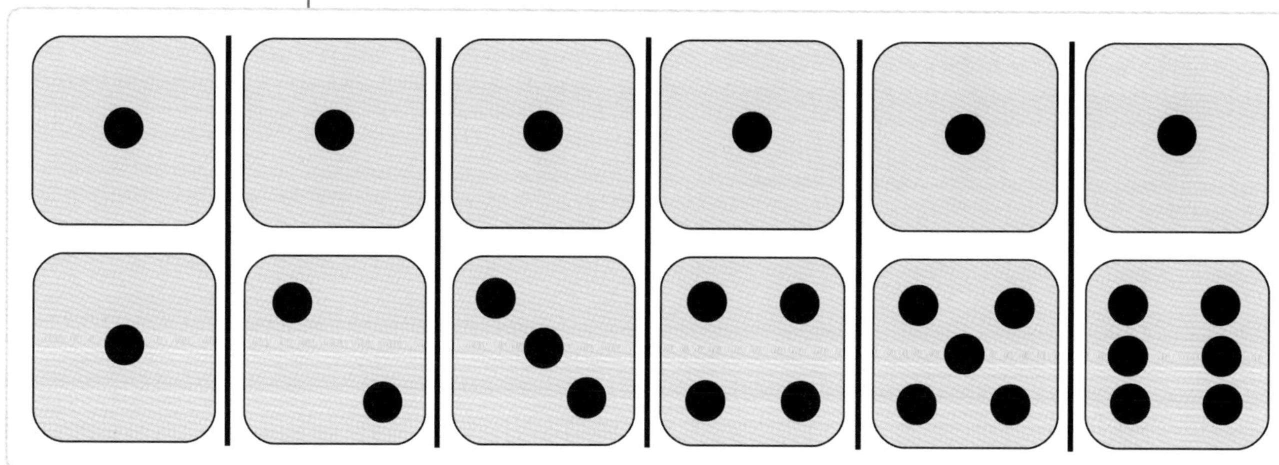

Würfelexperiment – Altes Spiel mit neuen Regeln

Dabei wird ihnen klar, dass mit 2 Würfeln nie eine 1 geworfen werden kann und die 7 mit der höchsten Wahrscheinlichkeit geworfen wird, gefolgt von der 6 und der 8.

Zahl	Möglichkeiten, die Zahl mit 2 Würfeln zu werfen	Anzahl Möglichkeiten
1	–	0
2	1 + 1	1
3	1 + 2, 2 + 1	2
4	1 + 3, 2 + 2, 3 + 1	3
5	1 + 4, 2 + 3, 3 + 2, 4 + 1	4
6	1 + 5, 2 + 4, 3 + 3, 4 + 2, 5 + 1	5
7	1 + 6, 2 + 5, 3 + 4, 4 + 3, 5 + 2, 6 + 1	6
8	2 + 6, 3 + 5, 4 + 4, 5 + 3, 6 + 2	5
9	3 + 6, 4 + 5, 5 + 4, 6 + 3	4
10	4 + 6, 5 + 5, 6 + 4	3
11	5 + 6, 6 + 5	2
12	6 + 6	1
13	–	0

SICH NICHT ÄRGERN LASSEN

Klären Sie erst mit allen zusammen die Regeln, nach denen gespielt werden soll, da viele leicht unterschiedliche Varianten im Umlauf sind.
Dann legen Sie einige **neue Regeln** fest:

- → Jeder Spieler entscheidet vor seinem Zug, ob er 1 oder 2 Würfel werfen möchte.
- → Wenn man darum würfelt, ob eine Figur aus dem „Haus" zieht, entscheidet man für jede Figur neu, bei welcher Zahl sie dies tut.

Auf diese Art und Weise kann man versuchen, sein **Würfelglück zu erhöhen**. Möchte man, dass eine Figur schnell aus dem „Haus" ins Feld zieht, ist die Chance natürlich am höchsten, wenn man mit 2 Würfeln wirft und die 7 als „Raus-Zieh"-Zahl wählt.
In anderen Situationen muss man dagegen darauf achten, ob man die gewünschte Zahl überhaupt erreichen kann. Braucht man z. B. eine 1, sollte man nicht mit 2 Würfeln werfen.

VARIANTE

Eine spannende Variante für eine Gruppe mit ca. 20 bis 24 Personen besteht darin, ein **Riesenspielfeld** mit Kreide auf dem Schulhof aufzuzeichnen. 16 Personen sind die Spielfiguren und 4 Personen oder 4 2er-Teams die Spielenden. Die Figuren sind dabei in einem Team mit „ihren" Spielenden und sie können gemeinsam die Strategie und den nächsten Zug besprechen.

Binomialverteilungen – Der unschlüssige Fußgänger

WORUM GEHT'S?

In diesem Versuch wird als **Bernoulli-Kette** ein eindimensionaler „Random Walk" nachgespielt. Mehrere Kleingruppen sammeln Ergebnisse, die gemeinsam ausgewertet werden können.

FÜR WEN?

Klassenstufe 9
Kleingruppenarbeit (2–4 Schüler)

WAS BRAUCHT MAN?

für jede Kleingruppe:

- → 1 Münze
- → 1 Spielfigur o. Ä.
- → 1 DIN-A4-Blatt
- → 1 Stift

WIE VIEL ZEIT BRAUCHT MAN?

Vorbereitung: ca. 5 min
Durchführung: 15–20 min

Was ist vorher zu tun?

Jede Gruppe benötigt einen **Zahlenstrahl** mit Feldern von 0 bis 10 als **Spielfeld**. Sind mehrere Spieldurchläufe geplant, bietet es sich an, mehrere Zahlenstrahlen untereinander zu zeichnen.

0	1	2	3	4	5	6	7	8	9	10

Jetzt geht's los

Als **Einleitung** erzählen Sie eine kleine Geschichte:
Ein Fußgänger muss zum Zahnarzt und möchte dies hinauszögern. Auf jeder Wegplatte wirft er eine Münze. Zeigt die Münze „Zahl", geht er eine Wegplatte nach vorn, zeigt die Münze „Kopf" bleibt er stehen.

PROGNOSEN ABGEBEN

Fordern Sie nun die Schüler auf, Vermutungen anzustellen, auf welcher Wegplatte (also an welcher Position auf dem Zahlenstrahl) die Person nach 10 Münzwürfen stehen wird.

Binomialverteilungen – Der unschlüssige Fußgänger

DER FUßGÄNGER LÄUFT

Haben alle ihre Prognosen abgegeben, beginnt das eigentliche Spiel. Die Spielfigur wird auf die „Null" des Spielfeldes gestellt. Nun wird die Münze 10-mal geworfen und die Figur nach jedem Wurf bewegt: Bei „Zahl" zieht die Spielfigur auf dem Spielfeld einen Schritt in die positive Richtung. Bei „Kopf" bleibt sie stehen. Die Endposition wird notiert.

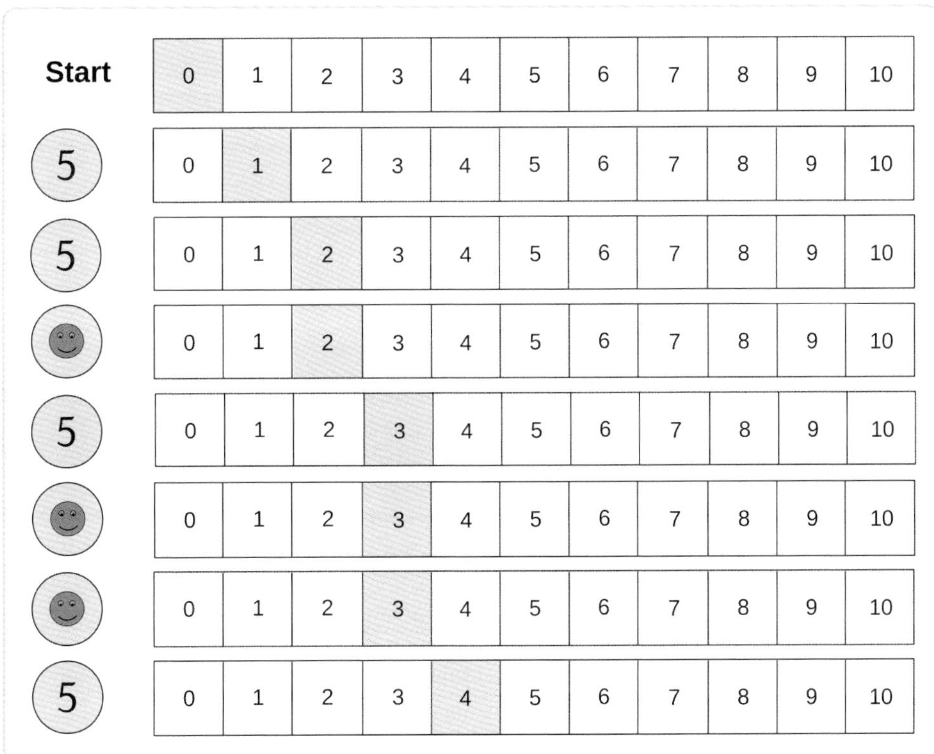

Der Versuch kann pro Gruppe mehrere Male wiederholt werden. Die Figur startet immer wieder auf der „Null" und nach 10 Würfen notiert die Gruppe deren Endstandort. Dann geht es in die gemeinsame Auswertung, bei der die Ergebnisse der Gruppen zusammengetragen werden. Dadurch, dass mehrere Gruppen gleichzeitig und mehrfach den Versuch durchführen, kommt schon nach kurzer Zeit eine größere Zahl an Versuchsergebnissen zusammen.

DER WEG WIRD AUSGEWERTET

Nun kann zusammen erarbeitet werden, wie hoch z. B. die Wahrscheinlichkeit ist, dass die Spielfigur nach 10 Würfen auf dem Feld mit der „5" steht. Man kann zu diesem Zweck z. B. **Säulendiagramme** zu der **relativen Häufigkeit** erstellen, mit der die einzelnen Felder des Zahlenstrahls zur Endposition werden. Ist die Binomialverteilung aus der relativen Häufigkeit noch nicht gut genug zu erkennen, müssen ggf. weitere Spielrunden durchgeführt werden.

Dann kann die nötige Mathematik eingeführt werden und die berechnete Binomialverteilung mit dem Säulendiagramm verglichen werden.

VARIANTE

Dieses Spiel kann auch **im Freien** mit Schülern als Spielfiguren gespielt werden. Dafür wird ein Zahlenfeld von 0 bis 10 mit Kreide auf den Boden gezeichnet und eine Person stellt sich als Spielfigur auf die „Null".

Binomialverteilungen – Galtonbrett selbst gebaut

WORUM GEHT'S?

Mit einem selbst gebauten Galtonbrett lassen sich Bernoulli-Ketten und die Binomialverteilung anschaulich darstellen.

FÜR WEN?

Klassenstufe 9

Kleingruppenarbeit (ca. 4–6 Schüler) oder Vorführexperiment

WAS BRAUCHT MAN?

- 1 Holzbrett (ca. 30 cm × 60 cm)
- Holzleisten (ca. 2 m; für Randbegrenzung und Auffangfächer)
- 1 Rolle Klarsichtfolie oder durchsichtige Lampenfolie (Bastelladen)
- ca. 31 Tetrapakdeckel, Korkscheiben, runde Holzscheiben o. Ä.
- Nägel oder Schrauben
- 2 kurze Leisten oder 1 kleiner Trichter
- Hammer oder 1 Schraubenzieher
- eine Murmeln, Holzperlen, Erbsen o. Ä.

EL ZEIT BRAUCHT MAN?

ng: ca. 45 min (das gebaute Brett ist wiederverwendbar)

ng: 15–20 min

Was ist vorher zu tun?

Sie können das Galton-Brett entweder schon vorbereiten oder mit Ihrer Klasse zusammen bauen.

Zeichnen Sie die waagerechten Reihen auf dem Brett vor. Ordnen Sie die **Deckel** oder Korkscheiben wie auf der Abbildung an und nageln oder schrauben Sie sie fest.

Bringen Sie die Randbegrenzung an sowie Leisten zum Unterteilen der **Auffangfächer**. Befestigen Sie die beiden kurzen Leisten oder den **Trichter** mittig über dem oberen mittleren Deckel (um den Trichter dichter an die Wand zu bringen, können Sie von der „Einfüllöffnung" senkrecht ein Stück absägen). Lassen Sie hierbei an beiden Seitenrändern ein Stück frei, damit die Kugeln später wieder einfach ausgekippt werden können.

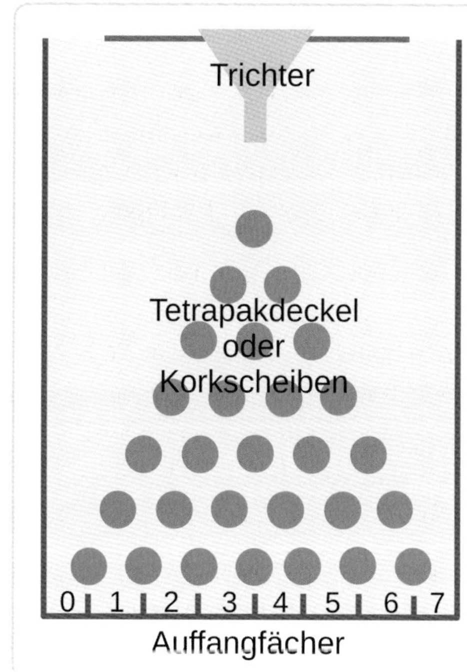

Nummerieren Sie die Auffangfächer von links nach rechts, beginnend bei 0. Wickeln Sie nun die **Klarsichtfolie** von links nach rechts einige Male um das Brett oder befestigen Sie die durchsichtige Lampenfolie wie eine Scheibe vor dem Brett (z. B. mit kleinen Nägeln an den Randholzleisten).

Binomialverteilungen – Galtonbrett selbst gebaut

Jetzt geht's los

Die Schüler füllen nun in mehreren Versuchen die Kugeln, Murmeln oder Erbsen in die Einfüllöffnung bzw. den Trichter. Während des Versuchs kann das Brett leicht schräg nach hinten gekippt gehalten werden, damit die Kugeln ruhiger am Brett herunterlaufen.

Untersucht wird nun, wie sich die Kugeln auf die einzelnen Fächer verteilen. Besonders eindeutig wird es, wenn die Schüler nach jedem Versuch die Anzahl Kugeln in jedem der einzelnen Fächer aufschreiben und daraus z. B. Säulendiagramme zunächst zur **absoluten Häufigkeit**, dann zur **relativen Häufigkeit** erstellen.

Im weiteren Verlauf sollen die Schüler nun von der beobachteten relativen Häufigkeit zur **Wahrscheinlichkeit** für eine Kugel kommen, in ein bestimmtes Fach zu fallen. Dazu ermitteln die Schüler nun die Anzahl möglicher Wege, die jeweils in die Fächer führen. Um den Weg der Kugeln gezielt zu beobachten, werden diese deshalb nun einzeln eingeworfen. Wenn die Schüler bereits Baumdiagramme kennen, werden sie selbst erkennen, dass sich die Wahrscheinlichkeit, in ein bestimmtes Fach zu fallen, als Quotient aus der Anzahl Wege in dieses Fach und der Gesamtzahl Wege ergibt.

Lassen Sie die Schüler eine Skizze des Galtonbretts machen und die Wahrscheinlichkeitswerte für jede Reihe dort eintragen. Anhand dieser Skizze können Sie zu den **Binomialkoeffizienten** überleiten.
Daraus können Sie gegebenenfalls gemeinsam mit der Klasse die Formel zur Berechnung der Wahrscheinlichkeit erarbeiten

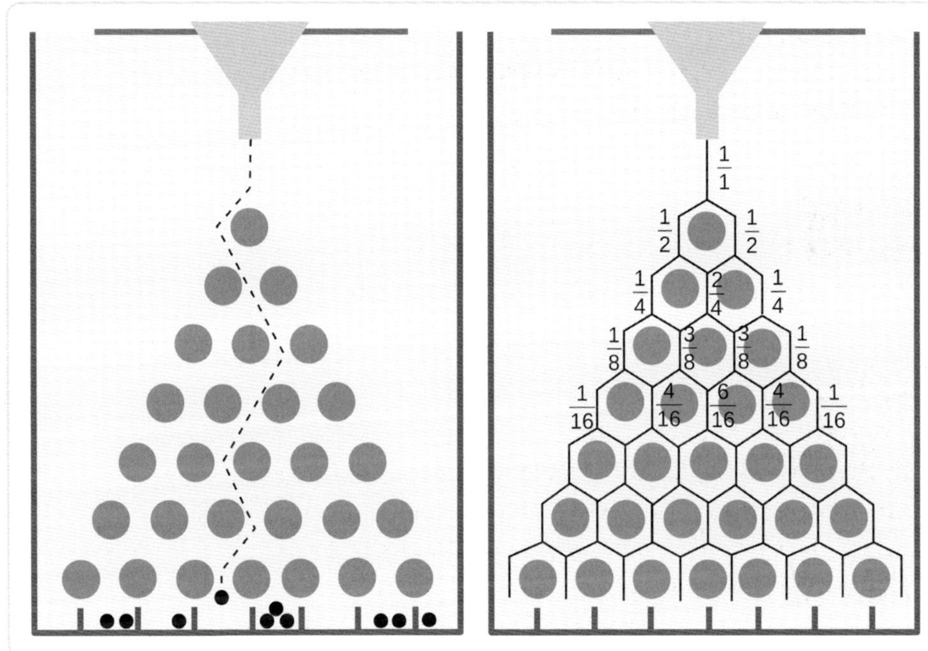

WISSENSWERTES
Francis Galton, der Namensgeber des Galtonbrettes, war englischer Naturforscher und ein Cousin von Charles Darwin.

VARIANTE
Das Brett kann auch aus einer stabilen Wellpapprückwand gebaut werden.
Für die Leisten werden dann mehrere dünne Wellpappstreifen übereinandergeklebt.
Die Deckel bzw. Korkscheiben werden mit Heißkleber auf der Pappwand befestigt.

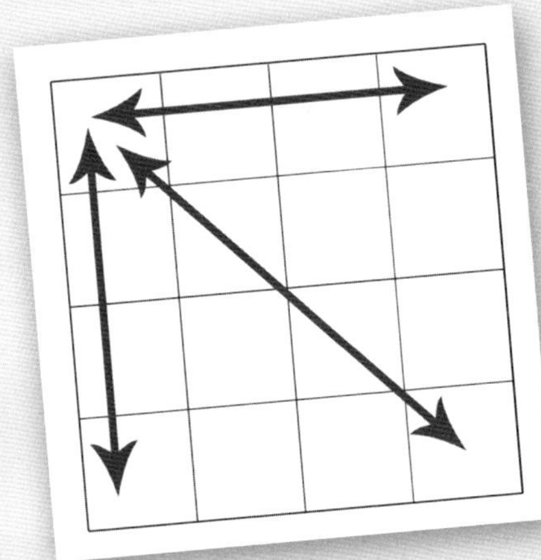

Anhang

Was sonst noch Spaß macht

Fragen und Ideen sichern – der Fragenparkplatz

WORUM GEHT'S?

Manchmal kommt man auf Fragen (oder auch Erkenntnisse), **deren Behandlung an diesem Punkt des Experimentes noch zu weit gehen würde** oder die schon einen neuen Aspekt oder Zusammenhang aufwerfen. Solche Fragen sind wertvoll (und zeigen das Interesse und Mitdenken der Schüler). Es wäre schade, wenn sie unter den Tisch fallen oder vergessen würden, nur weil sie „noch nicht dran" sind oder in diese Stunde zeitlich einfach nicht mehr passen.
Um diese Fragen und Gedanken sicher bis zum geeigneten Zeitpunkt „aufzuheben" und auch für alle sichtbar zu machen, wird der „Fragenparkplatz" eingerichtet.

FÜR WEN?

Klassenstufe 5–9
Gruppenarbeit

WAS BRAUCHT MAN?

- große Schreibfläche, die im fraglichen Zeitraum nicht anderweitig benötigt wird (z. B. Tafel, Flipchartblatt o. Ä.)
- 1 dicker Stift oder Kreide

WIE VIEL ZEIT BRAUCHT MAN?

Vorbereitung: 1 min
Durchführung: ca. 5 min

Was ist vorher zu tun?

Schreiben Sie ein großes P für „Parkplatz" an den Ort, an dem die Fragen festgehalten werden sollen (Tafelseite, Flipchart an der Wand o. Ä.).

Jetzt geht's los

Erklären Sie Ihren Schülern, was es mit dem „Fragenparkplatz" auf sich hat, und ermuntern Sie sie, ihn zu nutzen.
Notieren Sie die aufkommenden Fragen groß auf dem „Fragenparkplatz" oder besser noch, lassen Sie sie von den Schülern selbst anschreiben.
Ist der „Fragenparkplatz" an einem geeigneten Ort aufgehängt, kann im passenden Moment auf die Fragen zurückgegriffen, darüber diskutiert oder darauf verwiesen werden, wenn sich eine Antwort aus den Experimenten ergibt.

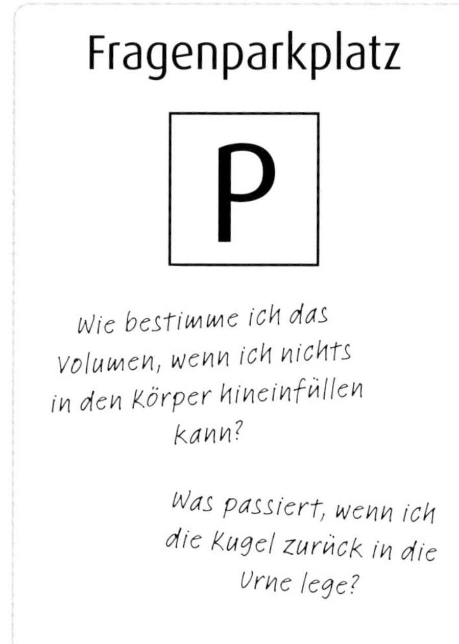

TIPP

Diese Methode kann bei Ihren Schülern das Gefühl von Wertschätzung stärken, da im Unterricht auf ihre eigenen Ideen und Fragen noch sichtbarer Bezug genommen wird.

Abkürzungen und Symbole sicher erkennen – Symbol-Bingo

WORUM GEHT'S?

Mit dem Symbol-Bingo lassen sich mathematische Symbole, Zeichen und Abkürzungen spielerisch üben und wiederholen. Das Bingo kann, in Klasse 5 beginnend, nach Bedarf beliebig erweitert werden und wächst so mit dem Wissen der Lernenden.

FÜR WEN?

Klassenstufe 5–9
Einzelarbeit

WAS BRAUCHT MAN?

- → 1 Set Symbol-Karten mit mathematischen Zeichen und Abkürzungen (Kopiervorlage S. 181/182)
- → ggf. Sichtschutz beim Kartenziehen (z. B. aufgeklappt aufgestelltes Buch)

für jeden Schüler:

- → 1 Stift, der nicht radiert werden kann
- → 1–2 DIN-A4-Blätter kariertes Papier (für ein Raster)

WIE VIEL ZEIT BRAUCHT MAN?

Vorbereitung: zur Herstellung der Karten einmalig ca. 10 min, danach 3–5 min pro Spiel
Durchführung: 5–15 min (je nach Bingo-Rastergröße)

Was ist vorher zu tun?

Bereiten Sie Karten mit mathematischen Zeichen und Symbolen vor. Dafür kann die Kopiervorlage auf S. 181/182 in gewünschter Größe kopiert und ausgeschnitten werden. Andere Symbole können Sie beliebig ergänzen. Bei der Wahl der Kartengröße achten Sie darauf, dass diese gut lesbar, aber auch bequem hinter einem Sichtschutz handhabbar sind.

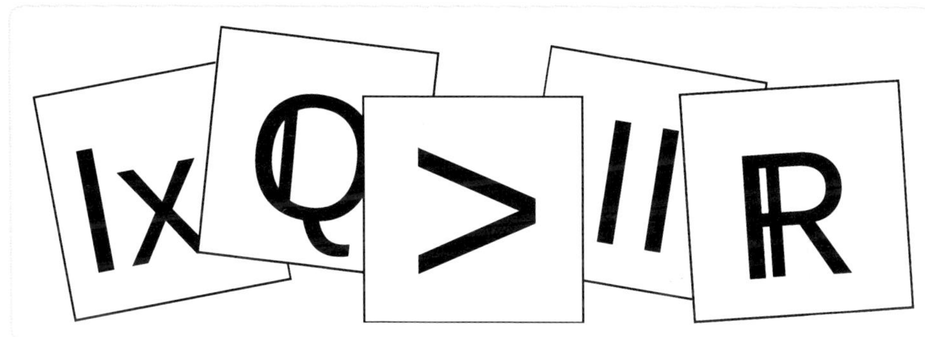

Für jedes neue mathematische Symbol, welches die Schüler kennenlernen, können Sie ein entsprechendes Kärtchen in die Sammlung aufnehmen. Teilen Sie den Schülern mit, welche Zeichen in die Sammlung kommen.

Überlegen Sie, welche **Rastergröße** passend ist, und wählen Sie diese danach aus, wie viele mathematische Zeichen bereits bekannt sind und wie viel Zeit zum Spielen zur Verfügung steht. Sind nur wenige Zeichen bekannt oder haben Sie wenig Zeit zur Verfügung, wählen Sie ein Raster von 3 × 3 oder 4 × 4 Kästchen, ansonsten nehmen Sie 5 × 5 oder 6 × 6 Kästchen.

Abkürzungen und Symbole sicher erkennen – Symbol-Bingo

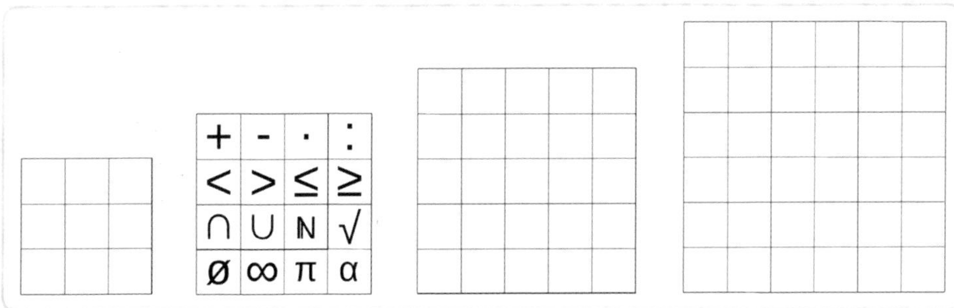

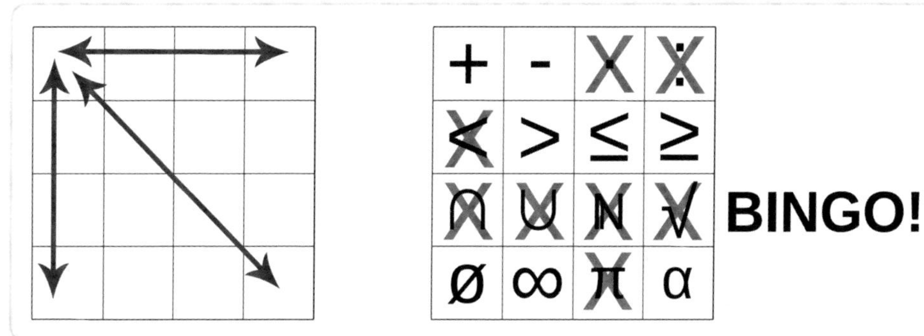

Jetzt geht's los

Halten Sie die Karten verdeckt hinter einem Sichtschutz bereit. Informieren Sie die Schüler, welche Zeichen für das Bingo-Spiel genutzt werden. Hierfür kann eine Übersicht der möglichen Symbole für alle gut sichtbar im Raum angebracht oder an die Tafel geschrieben werden.

Geben Sie die **Rastergröße** vor. Jeder Schüler zeichnet nun ein solches Raster auf Papier und füllt die Felder in beliebiger Anordnung mit den vereinbarten Zeichen. Gibt es mehr Symbole als Felder, trifft jeder seine eigene Auswahl aus den bekannten Symbolen.
Sie ziehen eine Karte und sagen laut den Namen des Symbols. Dann legen Sie die Karte auf einen extra Stapel für gezogene Karten. Falls die Schüler das Symbol in ihrem Raster finden, streichen sie es ab. Sie ziehen die nächste Karte und die Schüler suchen wieder usw.
Hat ein Schüler alle Symbole einer Reihe waagerecht, senkrecht oder in der längsten Diagonalen komplett abgestrichen, ruft er „Bingo!"

Das Spiel endet entweder beim ersten „Bingo!"-Ruf, dann hat diese Person gewonnen, oder es wird bis zu einer vorher abgesprochenen Anzahl gezogener Karten weitergespielt und alle Personen mit den meisten Bingo-Reihen haben gewonnen.
Bei letzterer Variante empfiehlt es sich, die Anzahl der gezogenen Karten auf eine Zahl zu begrenzen, die etwas über der Hälfte der Rasterfelder liegt. (Hat das Raster z. B. 16 Felder, werden 10 Karten gezogen.)

VARIANTE

Jeder Schüler bereitet mehrere Raster gleichzeitig vor – und zwar jeweils so viele, wie es Zeilen bzw. Spalten gibt – und darf ein gezogenes Symbol in allen Rastern abstreichen, in denen es vorkommt.
Dadurch erhält man ein 3-dimensionales Bingo-Raster, einen Bingo-Würfel. Die Schüler können nun auch in senkrechten Zeilen, Spalten oder Diagonalen ein „Bingo" erzielen.

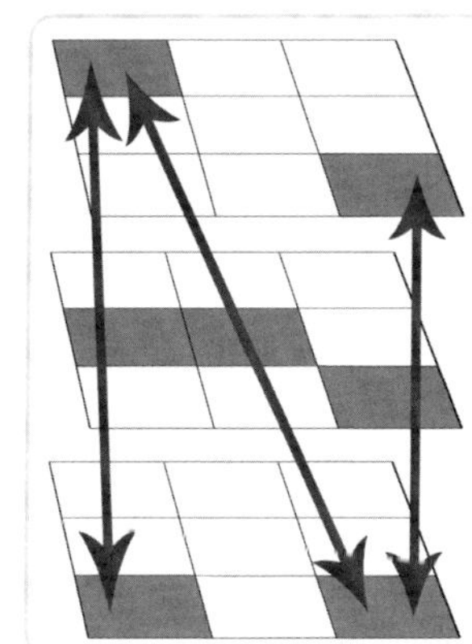

Symbol-Karten (1/2)

+	-	·	:	=	≠
<	>	≤	≥	~	≈
∩	∪	ℕ	√	%	‰
ø	∞	π	α	β	γ

Kopiervorlage

Symbol-Karten (2/2)

$\lvert x \rvert$	$\mathbb{Z}$	$\mathbb{Q}_+$	$\mathbb{Q}$	$\mathbb{R}$	$\mathbb{C}$
∟	$\perp$	$\parallel$	sin	cos	tan

Danksagung

Dieses Buch wäre nicht möglich gewesen ohne Unterstützung – mein Dank geht an: Nora Carr, Caroline Reinhold, Hans Weiss und Kerstin Meurisch für ihre Ideen und Anregungen zum Buch, ihr konstruktives Feedback und die Begeisterung, mit der sie sich auf ein über 100 Seiten langes Manuskript gestürzt haben. Wer Lehrer und Freunde wie euch hat, kann sich glücklich schätzen!

Ein herzliches Dankeschön auch an den Verlag an der Ruhr für die Möglichkeit, dieses Buch zu schreiben, sowie an meine Lektorinnen Dr. Wiebke Salzmann und Inga Deventer für ihre Geduld, Motivation und die stets gute Betreuung.